普通高等教育“十二五”规划教材

无机及分析化学实验

王飞利　李　蓉　编

中国石化出版社

内 容 提 要

本书由绪论，化学实验基本知识，无机物的制备、提纯和分离，元素及化合物的性质，定量化学分析，常用仪器分析和综合实验与设计实验，共 7 章及附录组成。章节均以实验的基本理论知识、操作技能及其相应的实验顺序来编写，实验共 47 个。

本书可作为无机及分析化学实验的推广使用教材，适用于化工、冶金、食品、材料、制药、生物工程及环境等专业的本科生。

图书在版编目(CIP)数据

无机及分析化学实验/王飞利，李蓉编．—北京
中国石化出版社，2013．10(2021．9 重印)

ISBN 978-7-5114-2415-0

Ⅰ．①无… Ⅱ．①王… ②李… Ⅲ．①无机化学-化学实验-高等学校-教材②分析化学-化学实验-高等学校-教材 Ⅳ．①061-33②0652．1

中国版本图书馆 CIP 数据核字(2013)第 233513 号

中国石化出版社出版发行

地址：北京市朝阳区吉市口路 9 号
邮编：100020 电话：(010)59964500
发行部电话：(010)59964526
http://www.sinopec-press.com
E-mail：press@sinopec.com
北京柏力行彩印有限公司印刷
全国各地新华书店经销

*

700×1000 毫米 16 开本 11.5 印张 229 千字
2021 年 9 月第 1 版第 3 次印刷
定价：24.00 元

前 言

无机及分析化学实验是相关专业本科生必须进行的基本实验训练，是培养学生实验技能和专业素养的重要途径。随着学科类型和现代实验技术的迅速发展，以验证性实验为主的基础化学实验教学已不适合当前学科实验的需要，须进行实验教学改革。2003 年，西北大学化工学院基础化学教研室的教师们就提出了“工科基础化学实验教学改革”项目，并在学校立项。近十年来，我们依据非化学专业人才培养目标，将传统的无机化学实验、化学分析实验和仪器分析实验进行整合，统筹编写成《无机及分析化学实验》讲义，并在我院的生物化工、制药工程、化学工程与工艺、食品科学与工程、能源化工专业及我校成教学院和现代学院的化工设计、制药工程等专业中推广使用。在近十年的使用过程中，结合具体学科实验的特色，不断地完善了该讲义，讲义中实验内容的合理设置和调整有助于提高了学生在实验方面的动脑和动手能力。这本《无机及分析化学实验》教材就是在《无机及分析化学实验》讲义的基础上，进一步修改、完善而成的。

本书由绪论，化学实验基本知识，无机物的制备、提纯和分离，元素及化合物的性质，定量化学分析，常用仪器分析和综合实验与设计实验，共 7 章及附录组成。每章的编写均以实验的基本理论知识、操作技能及其相应的实验顺序来编写。这样的编写有利于学生将理论知识、操作技能与具体的实验过程相结合，可有效地提高学生的理论学习能力与实践能力。在对实验基本理论知识和操作技能的编写上，将传统的《无机化学实验》和《分析化学实验》中重复的内容进行整合，并将一些基本的实验器皿及仪器更新为电子产品或者数字化产品。在不同类型实验的选择编写上，以强化学生实践技能为出发点，将验证单质、化合物及离子性质的实验大幅度的削减。元素化学实验只有 6 个，定量化学分析实验共 17 个，仪器分析实验共 9 个。在试剂的使用方面，尽量设计使用小剂量和稀溶液的无毒试剂，避免污染环境和伤害师生的身体健康。

全书共分 7 章，由王飞利主编。前言、第 1 章 ~ 第 5 章、第 7 章、附录由王飞利执笔，第 6 章由李蓉执笔。

西北大学化学与材料学院唐宗薰教授对全书进行了审阅定稿，在本书的编写过程中，王小刚、赵君民、吕兴强、程妮、李爽等老师提出了建设性的意见，编辑对书稿进行了细致的加工，在此一并表示衷心的感谢。

对于书中的错误和不妥之处，恳请读者惠予指教为感。

编　者

目 录

第1章 绪论

1.1 无机及分析化学实验的教学目的

化学是一门实践性很强的学科，它的发展离不开化学实验的支撑。化学实验既可传授科学知识，又可以训练技能，还可以培养科学的思维方法、创新意识和能力，因此，化学实验教学是化学课程教学不可缺少的重要环节。

无机及分析化学实验是大学相关专业一年级本科生的专业基础课，是培养学生独立操作、观察记录、分析归纳、撰写报告等多方面能力的重要环节。通过无机及分析化学实验课的学习不仅使学生对课堂上讲授的重要理论和概念得到验证、巩固、充实和提高，而且还能培养学生正确地掌握实验操作技能、独立思考和独立工作能力以及科学的工作态度。同时，为后续课程学习打下良好基础。

1.2 无机及分析化学实验的教学要求

1.2.1 实验课学生守则

1. 进实验室前必须预习

明确实验目的，了解实验的基本原理、方法、步骤，以及有关的基本知识和操作技能。

2. 做实验之前必须清点仪器

发现仪器损坏或缺少，应即时向指导教师报告，按规定手续到实验准备室补领。实验过程中损坏仪器，应即时报告，并按规定手续到实验准备室补领。

3. 实验过程严格按操作规程操作

听从指导教师的指导，按操作规程正确操作，仔细观察实验现象，积极思考，随时将实验现象和数据如实记录在专用的记录本上。

4. 实验过程要保持台面及周围环境整齐清洁

废液倒入废液缸，火柴梗、废纸片等放入废物篓内，严禁随意丢入水槽中。

5. 公用仪器、药品等用毕立即放回原处

公用仪器及药品等不得随意乱拿乱放。试剂瓶中药品不足时，应报告指导教师，及时补充。

6. 严格遵守实验室的安全规则

上课时不迟到、早退，不在实验室大声喧哗，严禁在实验室吃东西。严格遵守电、水、天然气、易燃、易爆及有毒药品的安全规则，注意节约水、电和试剂。

7. 实验完毕，清洗仪器、台面、药品架

每次实验结束，值日生负责做好实验室的清洁工作，并关好水、电和门窗等。实验室的一切物品不得带出。

8. 实验后及时认真地完成实验报告

依据原始记录，结合理论知识，认真分析实验现象，处理实验数据，按要求格式写出实验报告，即时交给指导老师批阅。

1.2.2 实验报告书写格式

实验报告是总结实验情况，分析实验中出现的问题，归纳总结实验结果必不可少的环节，因此实验完毕后，应即时如实地完成实验报告，并写在专用实验报告纸上。下面介绍几种常见实验类型的报告格式，仅供参考。

1. 性质实验报告

实验名称________________

专业________ 班级________ 姓名________ 日期________

(一)实验目的 领会并阐述。

(二)实验原理 首先要理解实验原理，然后用简练的文字简要阐述，不能照抄教材。

(三)实验内容 这部分是重点，不能照教材抄写，要求简要地说明实验内容及加入试剂的名称、浓度及用量，详细地描述实验中发生的现象，再用所学的知识解释现象，必要时总结实验所得结论。可以用下面的表格表达。

内容	试剂	观察的现象	化学反应方程式	解释及结论

2. 制备及常数测定实验报告

实验名称________________

专业________ 班级________ 姓名________ 日期________

(一) 实验目的 领会并阐述。

(二) 实验原理 首先要理解实验原理，然后用简练的文字，简要叙述，不能照抄教材。

(三) 实验步骤 这部分是重点，不能照教材抄写，按照实验过程的顺序描述，说明所加入样品，反应条件，观察到的现象，采取的措施等。

(四) 实验数据记录 实验中的原始记录，如加入试剂量，中间加入量，产物及质量等。

(五) 产率计算或测定的常数计算 实验数据处理(参见2.3.2实验记录与数据处理)。

(六)讨论　写出实验心得体会及意见、建议。

3. 定量化学分析实验报告

实验名称________________

专业________ 班级________ 姓名________ 日期________

(一) 实验目的　领会并阐述。

(二) 实验原理　首先要理解实验原理，然后用简练的文字，简要叙述，不能照抄教材。

(三) 实验步骤　按照实验过程的顺序描述，说明所加入样品，反应条件，观察到的现象，采取的措施等。

(四) 实验数据记录及处理　这部分是重点，实验中原始数据的记录，计算过程及实验数据处理(参见 2. 3. 2 实验记录与数据处理)。

(五) 讨论　分析误差产生的原因，实验中应注意的问题及某些改进措施等。

第2章 化学实验的基础知识

2.1 化学实验室一般常识

2.1.1 实验室安全知识

1. 化学实验室安全守则

(1)进入实验室，先了解实验室安全用具放置的位置，熟悉各种安全用具(如灭火器、沙桶、急救箱等)的使用方法。

(2)实验进行时，不得擅自离开岗位。水、电、天然气、酒精灯等使用完毕立即关闭或熄灭。

(3)浓酸、浓碱等具有强腐蚀性的药品，切勿溅在皮肤或衣物上，尤其不可溅入眼睛中。

(4)对加热过程要特别小心，以防失火。制备或实验有毒、有刺激性气体时，必须在通风橱中进行。

(5)实验室中任何药品不得进入口中或接触伤口，剧毒药品要专人管理。

(6)实验室电器设备的功率不得超过电源的负载能力。

2. 实验室意外事故的一般处理

(1)酸腐蚀。先用大量水冲洗，然后用饱和碳酸氢钠溶液或稀氨水冲洗，最后用水冲洗。

(2)碱腐蚀。先用大量水冲洗，再用稀醋酸溶液冲洗，最后用水冲洗。如果溅入眼中，则先用硼酸溶液冲洗，再用水冲洗。

(3)起火。电器设备引起的火灾，应立即切断电源，用二氧化碳灭火器或四氯化碳灭火器灭火。有机溶剂起火，应立即用湿抹布、沙子覆盖燃烧物。火势较大时应使用泡沫灭火器灭火。

(4)割伤。先取出伤口内的异物，再在伤口处涂上红药水或撒上消炎粉最后用纱布包扎。

(5)烫伤。先用稀高锰酸钾冲洗受伤处，再在伤口处抹上烫伤膏或万花油。

(6)意外触电事故。偶遇这样的事故，应立即切断电源，必要时进行人工呼吸。对伤势严重者，应立即送往医院抢救。

(7)中毒。实验室有毒药品很多，若不甚误入口中，可取5~10mL稀硫酸铜溶液加入一杯温水中，内服后，用手指伸到喉咙，促使呕吐，然后立即送医院治疗。

(8)吸入刺激性气体。可吸入少量的酒精和乙醚混合蒸气，然后到室外呼吸新鲜空气。

3. 灭火常识

实验室发生起火的原因一般有以下四种：

(1)明火加热过程中，易燃物燃烧起火。

(2)能自燃的物品在长期存放过程中自燃起火。

(3)少数化学反应(如金属钠与水的反应)有时会引起爆炸或燃烧。

(4)电火花、电线老化等因电路引起的燃烧。

实验过程中万一不慎起火，切不可惊慌，首先判断起火的原因，然后立即采取灭火措施：

(1)要防止火势扩展。立即切断火源和电源，停止通风，迅速地将周围易燃物品，特别是有机溶剂移开。

(2)扑灭火焰。一般的小火可用湿布、石棉网或沙子覆盖燃烧物。火势较大时应立即使用灭火器灭火。灭火器性能是不同的，应根据起火原因使用相应的灭火器。表2-1给出实验室常用灭火器及其应用范围。

(3)衣服起火。切勿惊慌乱跑，引起火势扩展，应立即在地上打滚将火熄灭，或立即将衣服脱掉将火熄灭。

表2-1　几种常见灭火器及其应用范围

灭火器名称	应用范围
泡沫灭火器	用于油类灭火。灭火器内装有碳酸氢钠和硫酸铝。使用时两物质发生反应，产生的氢氧化铝和二氧化碳泡沫可包住燃烧物，隔绝空气而灭火。因泡沫导电，因此不能用于扑灭电器着火
二氧化碳灭火器	用于扑灭电器设备着火和小范围油类及忌水化学品着火。灭火器内装有二氧化碳
干粉灭火器	用于扑灭电器设备、油类、可燃气体、精密仪器、图书资料及忌水化学品着火。灭火器内装有碳酸氢钠等盐类物质与适量的润滑剂和防腐剂
1211灭火器	用于扑灭高压电器设备、油类、有机溶剂、精密仪器着火，内装 CF_2ClBr 液化气
四氯化碳灭火器	用于扑灭电器设备、小范围汽油等有机溶剂着火。灭火器内装 CCl_4 液化气

2.1.2　实验室用水

在化学实验室中，根据任务和要求的不同，对水的纯度也有不同的要求。对于一般性实验任务，采用蒸馏水或去离子水，就可满足实验要求，但对超纯物质的分析，则需要用纯度较高的“高纯水”。目前，实验室用水一般执行GB/T 6682—2008分析实验室用水国家标准(见表2-2)。该标准规定了实验室用水的技术指标、制备方法及检验方法。

表 2-2　实验室用水的级别及重要指标

指标名称	一级水	二级水	三级水
pH 值范围(25℃)	—	—	5.0～7.5
电导率(25℃)/(ms/m)	≤0.01	≤0.10	≤0.50
可氧化物(以 O 计)/(mg/L)	—	≤0.08	≤0.40
吸光度(254nm，1cm 光程)	≤0.001	≤0.01	—
可溶性硅含量(以 SiO_2 计)/(mg/L)	≤0.01	≤0.02	—
蒸发残渣(105℃±2℃)/(mg/L)	—	≤1.0	≤2.0

1. 实验室用水一般性检验方法

实验室用水一般通过测定电导率或化学方法检验。离子交换法制得的纯水，可通过电导率仪监测水的电导率，来确定是否更换离子交换柱。注意取样后要立即测定，以免空气中二氧化碳溶于水中而导致电导率增大。也可采用表 2-3 的化学方法检验。

表 2-3　实验室用水的化学检验方法

测定项目	检验方法及条件	指示剂	现象	结论
离子	量水样 10mL 于小烧杯中，加入氨缓冲溶液使 pH=10	1～2 滴铬黑 T	蓝色	无 Ca^{2+}、Mg^{2+} 等阳离子
			紫红色	有阳离子
氯离子	量水样 10mL 于小烧杯中，加入稀硝酸酸化后，加入硝酸银	—	无色透明	无氯离子
			白色混浊	有氯离子
pH 值	量水样 10mL 于小烧杯中	1～2 滴甲基红	不显红色	符合要求

2. 合理地选用水的规格

实验室用的纯水一般要保持纯净，防止污染。使用时根据不同的情况选用不同级别的纯水。在无机及分析化学实验中一般用三级水，有时需将三级水加热煮沸后使用，特殊情况可使用二级水。仪器分析实验中，一般用二级水，有些实验则必须用一级水。实验室工作时要注意节约用水。

2.1.3　化学试剂

化学试剂种类繁多，不同的国家各有自己的国家标准和其他标准(如行业标准、企业标准和学会标准等)。我国化学试剂产品有国家标准(GB)、部颁标准(HG)和企业标准(QB)。

1. 化学试剂的分类

(1)标准试剂　是用于衡量其他物质化学量的标准物质，其主体含量高且准确可靠。一般由大型的试剂厂，依据国家标准严格检验生产。

(2)一般试剂　是实验室最普遍使用的试剂，可分为四个等级和生化试剂。指示剂也属于一般试剂。一般试剂的分级、标志、使用范围及标签颜色列在表 2－4 中。

(3) 高纯试剂　其特点是杂质含量低，主体含量与优级试剂相当，而且规定检测的杂质项目比同种优级纯或基准试剂多 1～2 倍，主要用于微量分析中试样的分解及试液的制备。

(4) 专用试剂　是指有特殊用途的试剂。如仪器分析中色谱分析试剂、气相色谱担体及固定液、液相色谱的填料、薄层色谱试剂、紫外及红外色谱试剂、核磁共振分析用试剂等。

表 2－4　一般试剂规格和适用范围

级别	中文名称	英文符号	适用范围	标签颜色
一级	优级纯	G R	精密分析实验	绿色
二级	分析纯	A R	一般分析实验	红色
三级	化学纯	C P	一般化学实验	蓝色
四级	实验试剂	L R	一般化学实验辅助试剂	棕色或其他颜色
生化试剂	生化试剂生物染色剂	B R	生物化学及医用化学实验	咖啡色

2. 化学试剂的选用

试剂等级不同，主体组分和杂质的含量及价格差别很大，因而要根据所做试验的具体情况，合理地选择适当等级的试剂，注意节约。

3. 化学试剂的储存

化学试剂的储存是实验室一项十分重要的工作。一般试剂应储存在通风良好、干净和干燥的房间，要远离火源，注意防止水分、灰尘和其他物质的污染。储存溶液的试剂瓶外面应贴上标签，标明试剂的名称、规格、浓度和配制时间等。根据试剂的性质应有不同的储存方法：

(1) 固体试剂装在广口瓶中，液体试剂盛放在细口瓶中。见光易分解的试剂放在棕色瓶中；易腐蚀玻璃而影响其纯度的试剂，如氢氟酸、含氟盐、苛性碱等储存在塑料瓶中；盛放碱液的瓶子要用橡胶塞。

(2) 吸水性强的试剂如无水碳酸钠、过氧化钠等应严格用蜡密封。

(3) 剧毒试剂如氰化钾、砒霜等，应设专人保管，经一定的手续取用，以免发生事故。

(4) 特殊试剂应采取特殊储存方法。如易分解的试剂存放在冰箱中；易吸湿或氧化的试剂存放于干燥器中；金属钠在煤油中；白磷潜在水中等。

2.1.4　三废的处理

1. 废气的处理

实验过程中凡可能产生有毒气体的操作都应在通风条件下进行。当有少量的有毒气体(如 H_2S, NO_2, SO_2 等)产生时必须在通风厨内进行，而做有大量有毒气体产生的实验时应安装气体吸收装置进行处理。一般用碱性水溶液吸收酸性气体后排放，用酸性水溶液吸收碱性气体后排放，一氧化碳可点燃转化为二氧化碳后排放。

2. 废液的处理

实验室产生的废液种类繁多、数量很大、组成复杂，是实验时三废处理的重点。一般应根据废液的性质分别进行初步处理后，分大类收集放置，再由教学或科研单位统一处理。

废酸、废碱溶液经中和处理使其 pH 值为 6～8，集中收集；有机溶剂集中收集；含重金属离子的废液加碱或硫化钠溶液将其转化为难溶物，过滤，滤液收集合并到废酸碱处理液中，残渣按废渣处理；对含氰、含砷等有毒废液应集中收集，统一处理。

3. 废渣处理

实验室产生的有害固体废渣应分大类收集，统一处理。

2.2 常用玻璃器皿和辅助器具的使用

2.2.1 常用玻璃器皿和辅助器具的介绍

常用玻璃器皿的名称及样图、规格、主要用途和注意事项见表 2－5。

表 2－5 常用玻璃器皿和辅助器具

名称及样图	规 格	主要用途	注意事项
250 150 50 烧杯	玻璃或塑料材质，分高型和一般型，有刻度或无刻度，以容积(mL)表示	制备溶液，常温(或加热)常压条件下用作较大量反应物的反应容器	加热时将杯壁擦干并放置在石棉网上
试管 离心管	分硬质、软质、有刻度或无刻度。有刻度以容积(mL)表示。无刻度以管口外径(mm)×长度(mm)表示	试管用作少量试剂的反应器，离心试管用于沉淀的分离	试管可直接加热，但不能剧冷，离心管只可水浴加热；反应液不能超过其容积的1/2。加热时，管口不能对人，且要不断地移动使其受热均匀
点滴板	瓷质，分白色、黑色，十二凹穴、九凹穴、六凹穴等	用于定性分析，点滴实验，尤其是显色反应	黑色板用于白色沉淀反应，白色板用于有色反应
试剂瓶(滴瓶)	玻璃制，分棕色，无色，以容积(mL)表示	用于盛放少量的试剂或溶液	不太稳定或见光易分解的试剂用棕色瓶盛装，碱性试剂要用带橡皮塞的滴瓶，不能长期放浓碱液

续表

名称及样图	规　格	主要用途	注意事项
广口瓶　细口瓶	塑料或玻璃制，分棕色、无色，磨口和不磨口，以容积(mL)表示	广口瓶盛放固体试剂，细口瓶盛放液体试剂	不能加热，稳定性差的盛装在棕色瓶中，碱性物质要用橡皮塞
洗瓶	一般为塑料制，以容积(mL)表示	盛装去离子水，用于洗涤容器及沉淀	不能加热
量筒　量杯	塑料或玻璃制，以其最大容积(mL)表示	量取一定体积的液体	不能加热
称量瓶	玻璃制，分扁形和高形，以外径(mm)×高(mm)表示，如高形 25×40，扁形 50×30	扁形用于测定水分或干燥基准物质；高形用于称量基准物质或样品	磨口塞与瓶口要配套，干燥样品时不可盖紧磨口塞
移液管　吸量管	玻璃制，以其最大容积(mL)表示。吸量管有 1、2、5、10，移液管有 10、20、25、50 等	用于精确地量取一定体积的液体	移液管与容量瓶配合使用，因而使用前常作两者相对体积的校正；吸量管每次都应从最上面刻度往下放出所需的体积
容量瓶	以刻度下的容积(mL)表示大小，如 10、25、50、100、150、250、500、1000 等	用于配制准确浓度的溶液	容量瓶与其瓶塞配套使用；不能溶解固体，加热，储存溶液
(a)　(b) 滴定管和滴定管架	滴定管分酸式和碱式、无色和棕色。以容积(mL)表示，如 25、50 等	滴定或精确地量取液体的体积时用。滴定管架用于固定滴定管	酸式滴定管盛酸性或氧化性溶液；碱式滴定管盛碱性或还原性溶液；见光易分解的滴定液宜用棕色移液管

续表

名称及样图	规　格	主要用途	注意事项
锥形瓶	以容积(mL)表示，如150、250、500等	反应容器，震荡方便，适用于滴定操作或作为接受器	盛液体不能太多，加热时应放置在石棉网上
布氏漏斗和吸滤瓶	布氏漏斗瓷质，以直径(cm)表示，如6、8等。吸滤瓶玻璃质，以容积/mL表示，如250、500等	用于减压过滤	不能直接加热，滤纸要略小于漏斗的内径。使用时先开抽气泵，后过滤；过滤完毕后，先断开抽气泵，后关电源
表面皿	以口径(mm)大小表示，如45、65、75等	盖烧杯用，可作其他用途	不能加热
干燥器	以外径大小表示，分普通和真空两种，内放干燥剂	保持物品干燥	热的物品待稍凉后放入。干燥剂要及时更换
漏斗	以口径(mm)大小表示，如30，40，60等	用于过滤操作	不能直接加热
漏斗架	木制，用螺丝固定于支架上，可调节高度	用于放漏斗	
球形　梨形　筒形 滴液漏斗和分液漏斗	以容积(mL)和形状表示	用于分离互不相溶的液体。滴液漏斗用于滴加液体	漏斗塞、活塞不得互换；不能加热

续表

名称及样图	规　格	主要用途	注意事项
蒸发皿	有瓷、石英、铂金等制品，分有柄和无柄，以容积(mL)表示，如35，100，125等	用于蒸发液体，也可用于反应器	直接加热，耐高温，但不能剧冷。随液体性质不同可选用不同材质的蒸发皿
坩埚	材质有瓷、石英、金属等。以容积(mL)表示		随样品性质不同可选用不同材质的坩埚，一般不能剧冷或剧热
坩埚钳	用金属合金材料制作，表面镀镍、铬	夹持坩埚或坩埚盖	不能与化学药品接触，以免腐蚀，夹高温坩埚时应预热
研钵	一般为玻璃或玛瑙材质，规格以口径(mm)大小表示	研磨固体物质	不能用火直接加热，可作为常温固相合成
试管架	由木质或铝质制成，有不同的大小和形状	用于放试管或离心管	
泥三角	有大小之分	支撑灼烧的坩埚	
石棉网	有大小之分	支承受热的器皿	不能与水接触
铁夹 铁圈 铁架台	不锈钢材质，有大小	用于反应器皿的放置或固定	

2.2.2　玻璃仪器洗涤与干燥

1. 玻璃仪器的洗涤

在化学实验中，为了获得正确的实验结果，使用的玻璃仪器必须是洁净的。洗净的玻璃仪器，应该是器壁透明，不挂水珠。下面简要介绍玻璃仪器一般洗涤方法。

(1)水溶性污物。普通仪器水溶性的污物可直接用自来水冲洗，冲洗不掉的污物，可选用合适的毛刷刷洗。如果毛刷刷不到部位，可把碎纸捣成糊浆，装入容器，剧烈的震动，使污物脱落，然后用自来水冲洗干净，最后用少量的去离子水润洗三次。

(2)油性污物。普通仪器的油性污物可先用自来水冲洗，然后用毛刷蘸取去污粉刷洗，或取少量洗涤剂刷洗后，用水冲洗干净，最后用少量的去离子水润洗三次。

(3)特殊污物。氧化性污物可用还原性的物质制成的洗涤剂浸泡后，用自来水冲洗干净；还原性的污物可用氧化性的洗涤剂洗涤(如铬酸洗液、高锰酸钾等)后，用自来水冲洗干净，最后用少量的去离子水润洗三次。

(4)特殊的仪器。对于不能直接刷洗或不易用刷子刷洗的仪器(如移液管、容量瓶、滴定管等)，通常是将洗液倒入或吸入容器内，振荡几分钟或浸泡一段时间后，洗液倒回原瓶，再用自来水冲洗干净。

注意：玻璃仪器洗涤时，除洗涤内部外，还要洗涤仪器的外表面。经过洗涤后的仪器，内壁不能用布或纸擦拭，否则布纤维、纸纤维以及污物会沾污仪器。表2－6列出常用洗涤剂。

表2－6　常用洗涤剂

名　称	配制方法	适用范围
去污粉	市面销售	一般水溶性污物的洗涤
合成洗涤剂	市面上各种液体洗洁净	一般油性污物的洗涤
铬酸洗液	称10g的工业级的重铬酸钾于烧杯中，加入30mL的热水溶解，冷却。在不断搅拌下加入170mL的浓硫酸，即得暗红色的铬酸洗液。储存于细口瓶中	用于洗涤量器或不易刷洗的污物，用后倒回原瓶，可以反复使用。洗液颜色变绿后，可加入固体高锰酸钾使其再生(对环境污染较大，不能随意倒掉)
高锰酸钾碱性洗液	称4g高锰酸钾溶于少量的水中，在不断搅拌下加入10%氢氧化钠100mL，储存于细口瓶中，用木塞盖紧	可洗涤有机物及油物，洗后玻璃壁面上附着的二氧化锰，可用亚硫酸钠溶液除去
碘－碘化钾洗液	称1g碘、2g碘化钾溶于少量的水中，加水稀释至100mL	可洗涤用过硝酸银留下的污物

2. 玻璃仪器的干燥

在化学实验中，除玻璃仪器必须是洁净的外，有时还必须是干燥的。简单的干燥方法如下：

(1)晾干。不急用的玻璃仪器洗净后，尽量倒净其中的水滴，然后自然晾干。

应该有计划地利用实验中的零星时间，把下次实验需用的仪器洗净并晾干，这样在做下一个实验时，就可以节省很多时间。

(2)在烘箱或红外灯干燥箱中烘干。烘箱温度保持在 100 ~ 120℃且带鼓风机。仪器放入前要尽量将水倒掉，放入时仪器敞口部分要向上。注意别让烘得很热的仪器骤然碰到冷水或冷的金属表面，以免炸裂。分液漏斗和滴液漏斗，则必须在拔去盖子和旋塞并擦去油脂后，才能放入烘箱烘干。厚壁仪器如量筒、吸滤瓶、冷凝管等，不宜在烘箱中烘干。

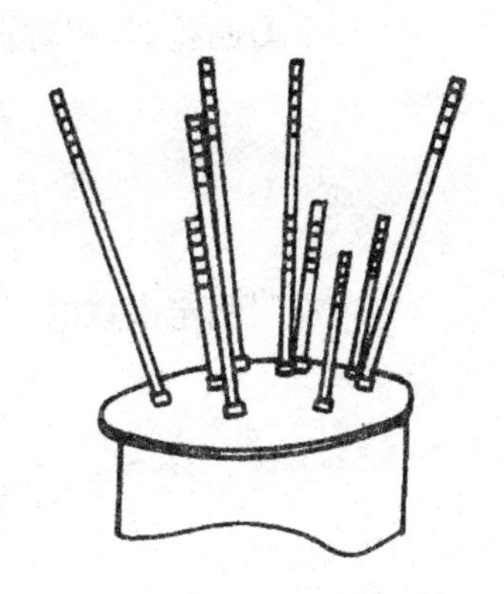

图 2－1　气流干燥器

(3)用气流干燥器或吹风机吹干。在仪器洗净后，先将仪器内残留的水分甩尽，然后把仪器套到气流干燥器(见图 2－1)的多孔金属管上。要注意调节热空气的温度。气流干燥器不宜长时间连续使用，否则易烧坏电机和电热丝。

2.3　误差和实验记录与数据处理

2.3.1　误差概念及其减免

1. 误差与准确度

误差是指测量结果(x)与真实值(μ)之间的差值，准确度表示测量结果与真实值接近的程度。误差的大小可用绝对误差 E 和相对误差 E_r 来表示。即：

$$E = x - \mu \tag{2-1}$$

$$E_r = \frac{x-\mu}{\mu} \times 100\% \tag{2-2}$$

在绝对误差相同的情况下，当被测定的量较大时，相对误差较小，测定的准确度就较高。绝对误差和相对误差都有正负之分，正值表示分析结果偏高，负值表示分析结果偏低。但客观存在的真实值是不可能知道的，实际工作中通常用“标准值”代替真实值。标准值是采用多种可靠的分析方法，由具有丰富经验的操作者经过反复多次测定的比较准确的结果。

2. 偏差与精密度

偏差是指在 n 次测量中单次测定的结果 x 与平均值$\bar{x}$之间的差值。精密度是指在确定条件下，同一样品多次平行测定结果之间的符合程度。精密度的大小常用偏差表示。偏差越小，表示测量结果的精密度就越高。偏差有不同的表示方法：

(1)绝对偏差 d_i 和相对偏差 d_r

$$d_i = x_i - \bar{x} \tag{2-3}$$

$$d_r = \frac{|x_i - \bar{x}|}{\bar{x}} \times 100\% \tag{2-4}$$

(2)平均偏差$\bar{d}$与相对平均偏差$\bar{d}_r$

$$\bar{d} = \frac{1}{n}\sum_{i=1}^{n}|d_i| = \frac{1}{n}\sum_{i=1}^{n}|x_i - \bar{x}| \tag{2-5}$$

$$\bar{d}_r = \frac{\bar{d}}{\bar{x}} \times 100\% \tag{2-6}$$

(3)有限测定次数的标准偏差 S 与相对标准偏差 S_r

$$S = \sqrt{\frac{\sum_{i=1}^{n} d_i^2}{n-1}} \tag{2-7}$$

$$S_r = \frac{S}{\bar{x}} \times 100\% \tag{2-8}$$

在一般情况下，对测定数据应表示出标准偏差或相对标准偏差。除此之外，精密度的高低还常用重复性和再现性表示。重复性指同一操作者在不同的条件下获得一系列结果之间的一致程度。再现性指不同的操作者在不同的条件下用相同方法获得的单个结果之间的一致程度。

3. 误差产生原因及减免方法

根据误差产生的原因和性质，将误差分为系统误差和偶然误差两大类。

1)系统误差

系统误差又称可测误差，是由于测定过程中某些经常性发生的原因所造成的，对测定结果的影响比较固定，具有单向性，即总是偏大或偏小，且在同一条件下重复测定时会重复出现，如能找出原因就可将其减小到可忽略的程度。系统误差主要来源以及减免方法如下：

(1)仪器误差　由于仪器本身不够精密所产生的误差。例如，移液管、滴定管的刻度未经校正而引起的体积读数误差；温度计、压力计未校正所引起的误差等都属于这类。减免方法就是对所用仪器进行校正或空白试验或对照试验。

空白试验是指在不加试样的情况下，在相同的条件下进行实验。空白试验所得实验结果称为空白值，从实验结果中扣除空白值就可以消除由试剂或器皿引起的误差。

对照实验是用已知试液代替试样液，以同样的方法进行实验，用于检查试剂是否变质失效，或反应条件是否适当。

(2)试剂误差　由于试剂不纯含有其他杂质所引起的误差。减免方法通过空白试验或对照试验。

(3)方法误差　由于实验方法本身不够完善而带来的误差。减免方法通过对照试验。

(4)操作误差　由于实验操作者对实验操作不熟练或不正确而引起的误差。例如在观察有视差的指针时，操作者老是把头偏向一边，在滴定分析终点判断时，由于实验者对颜色的敏感性不同会出现偏深或偏浅等，从而引起误差。减免方法是制定标准操作规程或对照试验。

2)偶然误差

偶然误差又称随机误差，是由某些难以控制、无法避免的偶然因素造成的。例如，测量时环境温度、气压或湿度的波动，仪器性能的微小变化等，都会使实验结果在一定范围内波动。偶然误差的形成取决于测定过程中一系列随机因素，其大小和方向不是固定的，因此无法测量，无法校正。

偶然误差的特点是绝对值相等的正误差和负误差出现的机会相等，小误差出现的次数多，大误差出现的次数少，极大误差出现的次数极少，即偶然误差的出现服从正态分布规律。因此，在消除系统误差后，偶然误差可用多次测量的结果取算术平均值的方法来减免。在一般的化学分析中，通常要求平行测定为三次或三次以上。

准确度表示测量结果的准确性，精密度表示测量结果的重现性。在评价测定结果时，只有精密度和准确度都好的方法才可取。在同一条件下，对样品的多次平行测量中，精确度高只表明偶然误差小，不排除系统误差存在的可能性，即精密度高不一定准确度高。只有在消除或减免系统误差的前提下，才可能以精确度的高低来衡量准确度的高低。如果精密度差，则实验方法是不可信的，也就无法谈准确度。

2.3.2 实验记录与数据处理

1. 实验记录的要求

学生进实验室之前都应准备专用的记录本，标上页码，不得随意撕去任何一页。做实验前必须预习，预习报告写在实验记录本上。

实验过程中观察到的现象和测得的实验数据，应如实地记录在实验记录本上。文字记录应字迹清楚、简明扼要；数据记录应事实求实、准确无误。

实验过程中涉及的特殊试剂的配制及其使用、特殊仪器的型号、标准溶液的浓度等也要及时地记录下来。如果发现确实记录有误或计算错误时，应用一横线划去原来记录，在其上或附近把正确的结果记录下来，不应在记录本上随意乱写。

在科学实验中，为了获得准确的分析结果，不仅需要准确的测定，还需正确地记录和计算。因此，在实验数据的记录和计算中，保留几位数字不是任意的，要根据测量仪器、分析方法的准确度来决定。这就涉及到下面要阐述的有效数字。

2. 有效数字

有效数字是指在具体工作中实际能够测到的数字。在有效数字中，只有最后一位数字是估计值，其余各数字都是确定的。有效数字的位数表达了与测量精度相一致的测量结果。

在记录数据和计算结果时，不仅都必须是有效数字，而且必须与所用的方法和仪器的准确度相适应，也不允许随意增加或减少数字的位数。如在分析天平称量某物质为0.1450g(分析天平感量为±0.1mg)显然第四位小数可能有±0.0001g的误差，也就是说，其真实值应在0.1449~0.1451g；但决不可把该数据写成0.145g，因为这样第三位数就是可疑值，可能有±0.001g的误差，这误差比原来的增大10倍。相反，若写成0.14500g也是错误的。

非零数字都是有效数字。数字“0”在数据中有两种意义，若只是定位作用，则不是有效数字。如0.010可写为1.0×10^{-2}，前面两个零起定位作用，不是有效数字，最后一个是有效数字。如作为普通数字使用为有效数字，如205080中的“0”是有效数字。整数末尾为“0”的数字，位数含糊，应采用科学记数。如1300可写为1.3×10^{3}。

pH、pM、lg*K*等有效数字位数，按照对数的位数与真数的有效数字位数相等、对数的首数相当于真数的指数的原则来定，如：pH = 11.20，换算为H^+的浓度$c(H^+)=6.3\times10^{-12}$ mol/L 。有效数字是两位不是四位。另外，单位可以改变，但有效数字的位数不能任意改变。

在数据处理过程中，测量数据的计算结果要按有效数字的运算规则保留适当位数的数字。舍去多余数字的过程称为数字的修约。目前一般采用“四舍六入五留双”的规则。避免出现误差的单向性，使得进舍出现的误差接近于零。具体做法是：当多余尾数小于等于4时则舍去；大于等于6时则进位。尾数正好是5时分两种情况，若5后不为零时则一律进位。若5后有其他数字或为零时，采用5前是偶数则5舍去，5前是奇数则将5进位。

有效数字的运算规则：当*n*个数据相加减时，它们的和或差的有效数字的保留，应以各数据中的小数点后位数最小的为依据；*n*个数据相乘除所得结果的有效数字的位数取决于各参数中有效数字位数最小，相对误差最大的那个数据。

在重量分析和滴定分析中，一般要求有四位有效数字，有关化学平衡的计算一般保留两位或三位有效数字。表示偏差或误差时，通常取两位有效数字即可。各种分析方法测量的数据不是四位有效数据时，应按最小的有效数字位数保留。

3. 实验结果的表达与处理

实验现象和数据经分析、归纳和处理后，才能合理表达，并得出满意的结果。实验数据的表达与处理一般有三种方法，分别为列表法、作图法和数学方程式法。

列表法是把实验所得现象和数据分类后，按一定格式一一对应地列出表格，并把相应的现象和数据填入表格中，使经过实验过程所得的实验现象和数据一目了然，便于分析、归纳与处理。列表时要做到每一表格都应有简明而完备的名称，自变量与因变量应一一对应列表，记录数据应符合有效数字规则。特别强调表格除数据外，还可以表示实验方法、现象或反应方程式。

作图法是依据解析几何原理，将实验过程中所测的数据用几何图形的形式表示出来。其优点是直观简明，易于比较，且能显示出数据变化特点，比如极大值、极小值、转折点、周期性等。应用作图法时要求以自变量为横坐标，因变量为纵坐标，坐标轴的比例尺要选择适当，轴标值要易读，并要注明坐标轴所代表的量的名称、单位和数值，同时还要注明图的编号、名称以及在图的下面要注明主要的测量条件。

数学方程式法是指将一组实验数据通过拟合获得其经验方程式。经验方程式是客观规律的一种近似描述，是理论探索的线索和依据，许多经验方程式中的系数往往与某一物理量相关联。通常可通过图解法或计算法来获得经验方程式。

2.4　简单玻璃工操作与塞子加工

在化学实验中，经常需要对玻璃管、玻璃棒进行简单加工以符合实验装置的要求，因此熟悉简单的玻璃加工操作，是从事化学试验者必备的基本技能之一。

2.4.1　简单玻璃加工操作

1. 煤气喷灯和火焰

煤气喷灯的外层通煤气，中间芯子通压缩空气或氧气加空气，气体流量用开关调节。如果没有这种灯，可用一般实验室加热用的煤气灯代用。

在不加压缩空气时，煤气经喷灯至出口处遇空气中氧开始燃烧，火焰不分层，因供氧不足而呈黄色，火苗软，这时火焰温度为600℃左右，叫作还原焰，俗称“文火”，操作时用来对玻璃预热和退火。煤气－空气火焰，用调节空气量的大小来改变火焰的温度。适合软质玻璃和硬质玻璃的加工。

要拉制的玻璃管在文火中预热后，一般放在火焰高度的2/3处即氧化焰中加热，使玻璃管受热均匀，且加快熔融。

由于玻璃是热的不良导体，在加热和冷却过程中内外层温度不一样，热胀冷缩的情况不一样，从而使玻璃内部产生应力。因此加工好的玻璃仪器如不经退火在冷却后会自然爆裂，有的要隔相当长的一段时间或使用中受加热或其他因素影响而发生突然爆裂。故在玻璃加工后都应进行退火以消除应力。一般在文火中退火，用接触面积大而温度不高的火焰烘烤加工的制品，再放在石棉网上，在空气中慢慢冷却。复杂的玻璃仪器可以放在高温炉中进行退火。

2. 玻璃管的切割

玻璃管在加工以前应截成所需长度，清洗干净和干燥。若不干燥，在加工中有可能造成炸裂。

截断玻璃管一般用锋利的三角锉刀的边棱或扁锉刀在所需要的长度处锉出一条细而深的痕，锉时要向同一方向锉，不要来回乱锉，否则不但锉痕多、粗，且使锉刀变钝。然后用两手捏住锉痕两旁，大拇指顶住锉痕的背面，两手向前推，同时朝两边拉，玻璃管就平整地断开，如图2－2所示。

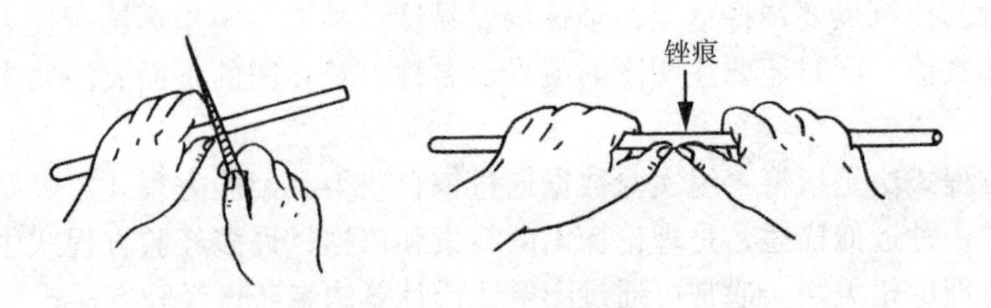

图 2-2　锉痕与折断玻璃管

3. 玻璃管的拉细

用左手握住玻璃管，右手托玻璃管，在煤气灯上加热，火焰由小到大，边加热边用左手的大拇指和食指转动玻璃管，转动时玻璃管不要移动位置。当玻璃管变软时，托玻璃管的右手也要将玻璃管作同方向转动，快慢一致，以免玻璃管发生绞曲。当玻璃管发黄变软时，即可从火焰中取出，两手作同方向旋转，边转边拉，拉成所需的粗细，如图 2-3 所示。拉好后不能马上松开，尚需继续转动，直到完全变硬后，放在石棉网上冷却。根据需要截取细管所需长度。

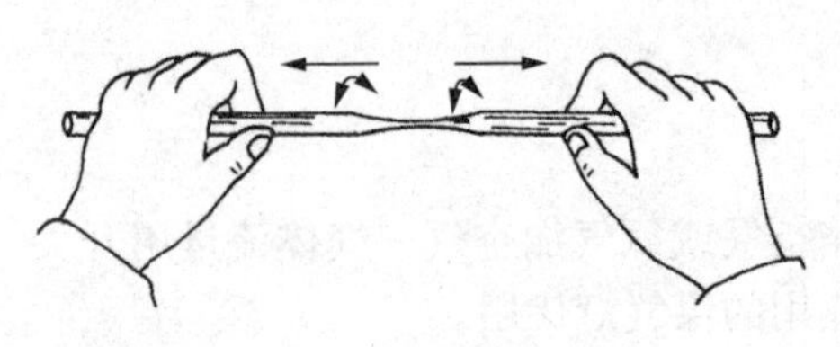

图 2-3　玻璃管的拉细

4. 玻璃管的弯制

左手捏住玻璃管的一端，右手托住另一端，将玻璃管平放在火焰上。用左手的大拇指和食指慢慢地转动玻璃管，使受热均匀，火焰由小到大，到玻璃管软化时，将玻璃管移出火，轻轻地弯一角度；然后再在火焰上加热(加热的部位是前一次加热位置的旁边)，再移出火焰弯制；如此重复，直到弯成所需的角度，如图 2-4(a)所示。弯好后要进行退火，退火火焰不能太强，使玻璃管表面受到热和玻璃管内径的膨胀抵消，否则冷却后要炸裂。注意在弯管的时候不要用力过大，否则在弯的地方要瘪陷或纠结起来，如图 2-4(b)所示。弯好的玻璃管应在同一平面上。

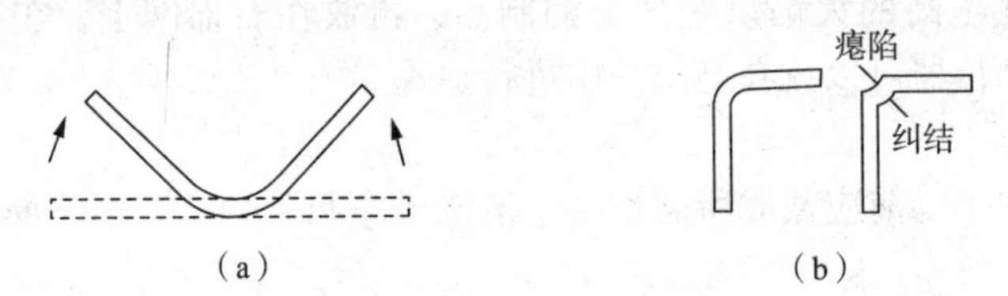

图 2-4　玻璃管的弯制

2.4.2　塞子的加工

常用的塞子有软木塞和橡皮塞两种。软木塞不易被有机物侵蚀，较常用。但在要求严格密封的实验中(如减压蒸馏)或使用的试剂(如氯、溴等)极易腐蚀软木塞时，就必须用橡皮塞，以防漏气或腐蚀。塞子的选择应与烧瓶或冷凝管的颈口相适应。塞子进入颈口部分不能少于塞子本身高度的 1/3，但也不能多于 2/3。

塞子选好后，要进行钻孔。钻孔的大小应保证管子或温度计等插入后不漏气，因此，钻孔器的外径应略小于所装管子的外径。钻孔时应先从塞子直径小的一端钻起，钻孔器应垂直均匀钻入，一边按一个方向慢慢旋转，一边向前推进，防止把孔钻斜；当钻到 1/2 处时，慢慢反方向旋转拔出钻孔器，再在塞子的另一端对准钻入，直到完全钻通。

如果钻的孔较小（主要是因为实验室的钻孔器口径不合适）或孔道不光滑，可用圆锉锉到适当大小。塞子钻好孔后，可把仪器或其一部分插到塞孔中。采用转动的方式把仪器插入塞孔中。转动时用力均匀适当，不应过猛，同时必须是握住插入塞孔的那一部分的末端。不允许握住另外一端，也不允许不采用转动木塞的方式而采用“顶入”的方式把仪器硬顶到塞孔中。

实验一　玻璃管的加工

一、实验目的

（1）了解煤气灯的使用方法。

（2）初步学习玻璃管的截断、烧圆、弯管、拉制毛细管等基本加工操作。

（3）制作玻璃棒、滴管、弯管、玻璃钉各 1 个。

二、实验材料

煤气灯　锉刀　长 1.4m、直径 7mm 的玻璃管两根　长 50cm、直径 5mm 的玻璃棒 1 根

三、实验内容

1. 制作玻璃棒

用锋利的三角锉刀的边棱，在直径 5mm 的玻璃棒约 25cm 处，锉出一条细而深的痕，锉时要向同一方向锉，不要来回乱锉，否则不但锉痕多且粗。然后用两手捏住锉痕两旁，大拇指顶住锉痕的背面，两手向前推，同时朝两边拉，玻璃棒就平整地断开，然后在火上将两端烧圆。

2. 拉制玻璃管

指导教师示范拉制玻璃管操作，学生反复练习后，制作出 1 根细端内经为 1.5～2mm、长约 4cm，总长 18cm 的滴管 1 根。

3. 制作玻璃弯管

指导教师示范制作玻璃弯管，学生反复练习后，制作出 75°和 90°角的玻璃弯管各 1 根，并把两端口烧圆。

实验二　常用玻璃及其他器皿的认领与洗涤

一、实验目的

(1)熟悉无机及分析化学实验常用玻璃及其他器皿的规格、使用范围和注意事项。

(2)掌握化学实验常用玻璃器皿的洗涤方法。

二、实验内容

1. 认领玻璃及其他器皿

按照表2－7和2－8清单，领取和熟悉无机及分析化学实验常用玻璃及其他器皿，如有损坏、数量不够或与清单不符应立即向管理人员提出更换或补够。

表2－7　无机化学实验常用玻璃及其他器皿

仪器名称	规　格	数　量	仪器名称	规　格	数　量
试管	普通型，20 mL	10个	表面皿		1个
离心管	普通型，5 mL	2个	酒精灯		1个
烧杯	250mL 50 mL	2个 1个	铁架台		1套
量筒	10 mL 25 mL	1个 1个	试管刷		1个
蒸发皿	100 mL	1个	滴管		1个
比色管	25 mL	1个	玻璃棒		1个
洗瓶	250 mL	1个	试管夹		1个
试管架		1个	漏斗		1个

表2－8　分析化学实验常用玻璃及其他器皿

仪器名称	规　格	数　量	仪器名称	规　格	数　量
酸式滴定管	50mL	1个	试剂瓶	500 mL 棕色 500 mL 无色	共5个
碱式滴定管	50mL	1个	吸耳球		1个
烧杯	50～150 mL 250～300 mL	1个 3个	洗瓶		1个
锥形瓶	250～300 mL	3个	玻璃棒		2个
表面皿	大号 小号	2个 1个	滴管		2个
移液管	10 mL，25 mL	各1个	滴定管架		1套
容量瓶	150 mL，250 mL	各1个			

2. 洗涤玻璃仪器

参见“2.2.2 玻璃仪器洗涤与干燥”一节。

第3章　无机物的制备、分离与提纯

3.1　无机物的制备

3.1.1　概述

无机物的制备又称为无机合成，是利用化学反应通过某些实验方法，从一种或几种物质得到一种或几种无机物质的过程。无机化合物种类很多，到目前为止已有百万种以上，各类物质的制备方法差异很大，即使同一种化合物也有多种制备方法。

无机物的实验室制备往往与工业生产有很大差别，遵循的原则也是不一样的。因此，在实验室能合成的物质，工业上不一定能合成出来，或者说，实验室行之有效的方法，工业上不一定适用。将实验室里研究出来的制备方法，要用到工业生产上还需经过反复筛选实验条件，进行放大实验，获得各种工艺设计参数，然后根据这些参数进行工艺流程和设备的设计，再通过选择各种条件的实验，补充、修改设计，最后才能试产和投产。有时在中间实验或扩大实验中会发现一些难以解决的问题，这样就可能会否定实验室的研究结果。在无机合成时，一般必须考虑以下的基本原则：

(1)无机合成的基础是无机化学反应。根据反应物和产物的状态及其性质，运用热力学数据，进行定性地判断反应的可能性，并运用平衡移动原理提高反应产率。同时也要特别注意动力学因素对实际反应的影响，选择合适的反应条件。

(2)合成路线的先进性。合成一个无机化合物常常可以有多种路线，由不同的原料，通过不同的途径，均能得到目标产物，根据实际情况选择合适的合成路线和方法。一般要求工艺简单，原料价廉、易得，成本低，转化率高，产品质量好，生产安全性好。

(3)产品的分离和提纯过程。无机合成的目的是制备具有一定性质和规定质量标准的产品。要综合考虑产品的分离和提纯过程，这往往是化合物制备的关键。

(4)节约能源和保护环境。在实际工业生产上尤其要注意节约能源和保护环境，要求对环境污染尽可能的少，能耗小，成本低。

3.1.2　无机物的制备

按制备方法可为常规经典制备法，极端条件下的合成方法(比如超高温、超低温、超高真空度等)和特殊条件下的合成方法(如光化学合成、等离子合成、化学气相沉积等);按制备的目标可分为单质合成、化合物的合成以及新型无机材料的合成等。下面简要介绍单质及无机物的制备方法。

1. 单质的制备

单质的制备方法大致可分为五种:

(1)电解法　用于活泼的金属和非金属单质的制备,例如电解金属熔融盐制备碱金属或碱土金属单质;电解饱和氯化钠水溶液制备氢气和氯气等。

(2)还原法　选择适当的还原剂高温还原,或在溶液中用还原剂将不太活泼的金属元素从它们的化合物还原出来。一般依据生产规模、实验要求、环境保护、安全因素、原料来源及价格等选择合适的还原剂。如:

$$Zn + 2Na[Au(CN)_2] \rightarrow Na_2[Zn(CN)_4] + 2Au\downarrow$$

(3)热分解法　热稳定性差的某些金属化合物直接加热就可分解为金属单质;一些高纯单质的制备通常利用热分解法获得。例如:

$$2AgNO_3 \xrightarrow{\Delta} 2Ag + 2NO_2 + O_2$$

$$Ni(g) + 4CO(g) \xrightarrow{50 \sim 80℃} Ni(CO)_4(g) \xrightarrow{180 \sim 200℃} Ni(g) + 4CO(g)$$

(4)氧化法　选择适当的氧化剂高温氧化某些化合物来制备单质;也可用较强的非金属单质,将次强的非金属单质从其化合物中置换出来。氧化剂的选择是关键,要根据实际情况选择合适的氧化剂。

(5)物理分离法　该法适用于分离、提取那些以单质状态存在,且与其杂质在某些物理性质上有显著差异的元素。如分离液态空气可获得 N_2 和 O_2、稀有气体。开采硫矿、石墨矿可获得相应的单质等。

2. 化合物的制备

无机化合物的制备方法大致可分为:

(1)水溶液反应法　利用水溶液中的离子反应制备化合物时,若产物是沉淀,通过分离沉淀即可获得产品;若产物是气体,通过收集气体可获得产品;若产物溶于水,则采用结晶法获得产品。

(2)天然矿石制备法　首先精选矿石,其目的是把矿石中的废渣尽量除去,有用成分得到富集。精选后的矿石根据它们各自所具有的性质,通过酸溶或碱熔浸取、氧化或还原、灼烧等处理,就可得到所需的化合物。

(3)分子间化合物法　分子间化合物是由简单化合物按一定化学计量关系结合而成的化合物,其范围十分广泛,有水合物、氨合物、复盐、配合物等。

(4)非水溶剂反应法　有些化合物遇水强烈水解,不能从水溶液中制得,需要在非水溶剂中制备。常用的无机非水溶剂有液氨、氢氟酸等;有机非水溶剂有冰醋酸、氯仿、苯等。

(5)直接反应法(又称干法)　利用单质与单质或单质与化合物直接反应,然后将反应产物从反应体系中及时分离来制备无机物,如易水解的氯化物的制备等。

(6)电解法　工业上许多强氧化剂都是利用电氧化合成法制备的；中间氧化态非金属元素的酸或盐可用电还原合成法制备；一些特殊氧化态化合物也可通过电氧化还原法制备。

3.2　分离与提纯的方法概述

分离与提纯的方法不拘泥于物理变化还是化学变化，在一定的条件下可使样品中的杂质或使样品中各种成分分离开来的变化都可以使用。其发展一直是沿着如何获得高纯度物质和如何将经济的分离提纯方法应用于大规模的工业生产这两个方向在完善。常用的分离提纯的方法有以下几种：

1. 结晶法

加热蒸发溶液，控制溶液的密度，使其中一部分溶质结晶析出，然后过滤以使母液与沉淀分离。经反复的操作可以达到分离提纯的目的。

2. 沉淀法

选用适宜的试剂或调节pH值，使溶液中的某一组分转变为沉淀析出，然后过滤分离。经反复操作，也可达到分离提纯的目的。

3. 氧化还原法

选择适宜的氧化剂或还原剂，使混合物中的某些成分氧化或还原，并进一步达到分离提纯的目的。

4. 吸收或吸附法

用适宜的试剂吸收混合物中的某些成分，或用适宜的物质吸附混合物中某些成分，从而达到分离提纯的目的。

5. 萃取法

选用适宜的溶剂，把混合物中的某些成分溶解吸收，从而达到分离提纯的目的。

6. 蒸馏法

控制混合溶液蒸气的冷凝温度，使不同沸点的成分分步冷凝析出，从而达到分离提纯的目的。

3.3　基本操作技能

3.3.1　试剂的取用

1. 固体试剂的取用

固体试剂必须用干净的试剂匙取用，最好每种试剂专用一个试剂匙，否则必须将用过的试剂匙洗净擦干后再用，以免沾污试剂，且不能用手直接取用。试剂一旦取出，就不能再放回原瓶，可将多余的试剂放入指定的容器。试剂取出后，一定要把瓶塞盖严，并将试剂瓶放回原处。

需取用一定质量的固体时，可把固体试剂放在纸上或表面皿上，在台秤或分析天平上称量。具有腐蚀性或易潮结的固体不能放在纸上，而应放在玻璃容器内进行称量。

制备或提纯实验一般使用天平来迅速地称量物质的质量。目前无机化学实验室使用的为电子天平，精确度不高，一般能称准至0.1g，其外形如图3－1所示。

图3－1　DT6001型电子天平

电子天平依据电磁力平衡的原理，没有刀口刀承，无机械磨损，全部数字显示，称量快速，只需几秒钟就可显示称量结果。以DT6001型电子天平为例来说明使用方法：

(1)拆箱后去除一切包装，将盘托、秤盘依次准确地安装在主机上，天平置于稳定的工作台上，避免震动、阳光照射和气流。使用环境温度5～35℃；温度波动度：5℃/h；工作电压：220V±10V，50Hz±1Hz。

(2)选择合适电源电压，接通电源，在初次接通电源或长时间断电之后，应使天平至少预热30min。

(3)天平在使用前一般都应进行校准操作，请按说明书进行。

(4)显示称量模式0.0后，将被称物轻放到秤盘上，待数字稳定后，即为被称物质量。若要去除皮重，可将容器置于称盘上，此时显示容器质量，按T键，显示0.0，即去皮重，再将被称物置于容器中，这时显示的是被称物的净重。

(5)称量时应注意：不能称量热的物品；称量物不能直接放在托盘上，可放在称量纸上、表面皿或其他容器中称量；不准使用滤纸来盛放称量物；保持台秤整洁，如不小心把药品撒在托盘上时，必须立即清除。

要求准确称取一定量的固体试剂时，可在分析天平上进行(参见5.1电子天平与试样的称量方法)。

2. 液体试剂的取用

(1) 从小口试剂瓶中取用试剂　先取下瓶塞将其仰放在台面上，用左手持容器(如试管、量筒等)，右手握住试剂瓶，试剂瓶上的标签向着手心(如果是双标签则要放两侧)，倒出所需量的试剂，如图3－2所示。倾倒时，瓶口靠住容器壁，让液体缓缓流入；倒完后应将瓶口在容器上靠一下，再使瓶子竖直，这样可以避免遗留在瓶口的试剂沿瓶子外壁流下来。把液体从试剂瓶中倒入烧杯

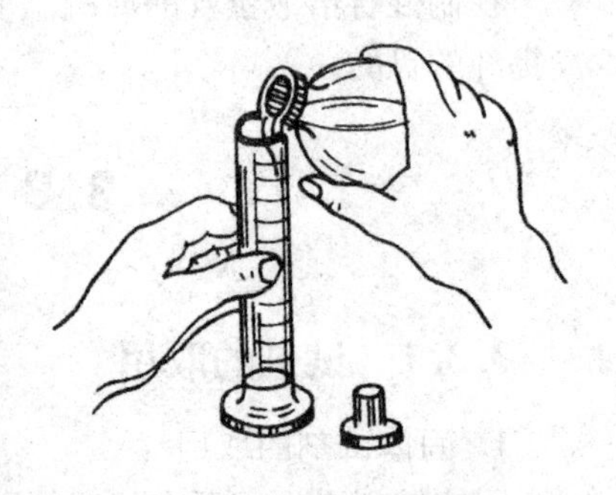

图3－2　向量筒中到取液体

时，用右手握瓶，左手拿玻璃棒，使棒的下端斜靠在烧杯中，将试剂瓶口靠在玻璃棒上，使液体沿棒流入杯中。**注意：倒出的试液绝对不允许再倒回试剂瓶。**

(2)定量的量取液体试剂　量筒用于量取一定体积的液体，可根据需要选用不同容量的量筒。取液时按照上述的从小口试剂瓶中取用试剂的方法操作，观看量筒内液体的容积时，视线与量筒内液体的弯月面的最低处保持水平，偏高或偏低都会读不准而造成较大的误差，如图3－3所示。

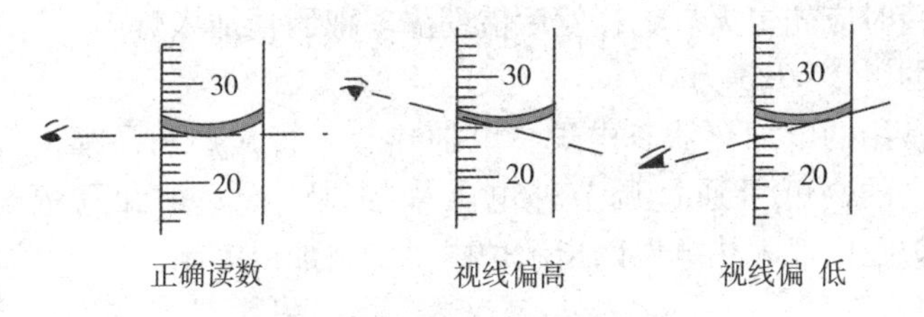

图3－3　观看量筒内液体的体积

要求准确地取用一定体积的液体时，可用各种不同容量的移液管或吸量管。关于移液管和吸量管的使用方法见第5章中5.2滴定分析的操作技能。

在某些实验中，当无须准确量取试剂时，不必每次都用量筒，要学会估计从瓶内取用的液体的体积。为此，必须知道，用滴管取用1mL液体相当于多少滴，5mL液体占一个试管(如13mm×100mm)容量的几分之几等等。

3. 特种试剂的取用

剧毒、强腐蚀性、易爆、易燃试剂的取用需要特别小心，必须采用其他适当的方法来处理，请参考有关书籍。

3.3.2　加热与制冷方法

3.3.3.1　加热方法

1. 直接加热

实验室可直接加热的物质一般为固体和在较高温度下不分解的溶液或纯液体。

实验室常用可直接火加热的玻璃器皿有试管、烧杯、蒸发皿、锥形瓶、烧瓶、坩埚等，这些器皿能承受一定的温度，但不能骤冷骤热，因此在加热前必须将仪器外面的水擦干，加热后也不能立即与冷物体接触。

实验室常用的直接加热的工具分别为酒精灯、酒精喷灯、煤气灯、煤气喷灯和电加热器。

酒精灯是实验室常用的加热工具，其加热温度为400～500℃，适用于温度不需要太高的实验。

使用酒精灯应注意：

①点燃酒精灯之前，先打开灯盖，并把灯头的瓷管向上提一下，使灯内的酒精蒸气逸出，这样才可避免点燃时酒精蒸气因燃烧受热膨胀而将瓷管连同灯芯一并弹出，从而引起燃烧事故。灯芯不齐或烧焦时，应用剪刀修整为平头等长。灯芯长度

可控制在浸入酒精后再长 4～5cm。新换的灯芯应让酒精浸透后才能点燃，否则一点燃就会烧焦。

②酒精灯应用火柴杆引燃，绝不能拿燃着的酒精灯去引燃另一盏酒精灯。因为这样做将使灯内的酒精从灯头流出，引起燃烧。

③熄灭酒精灯时，把灯盖罩上，片刻后再把灯盖提起一下，然后再罩上，可避免灯盖揭不开之弊。**注意：千万不能用嘴来吹熄。**

④添加酒精时应先熄灭灯焰，然后借助漏斗把酒精加入灯内。灯内酒精的储量以酒精灯容积的 1/2～2/3 为宜，不得超过。

实验室中常用的电加热器有电炉、电加热套、管式炉和马福炉等，如图 3－4 所示。加热温度的高低可通过调节外电阻来控制。管式炉和马福炉的温度可达 1000℃左右，炉孔内插入热电偶以指示炉内温度并加以控制。

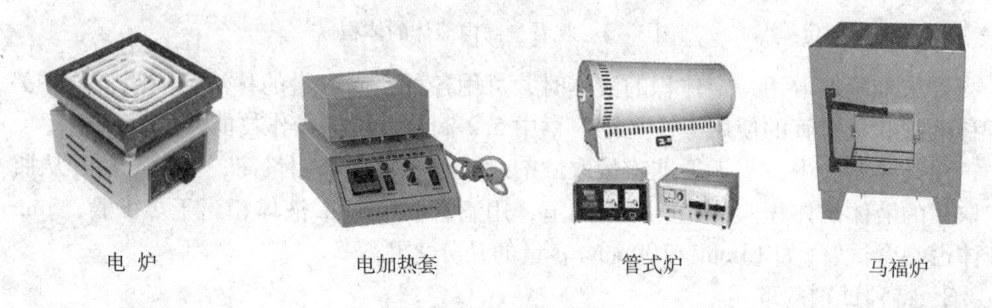

电 炉　　电加热套　　管式炉　　马福炉

图 3－4　电加热器

2. 热浴加热

当被加热的物体需要受热均匀，而且受热温度又不能超过一定限度时，可根据具体情况，选择特定的热浴加热。

(1)水浴加热。当需要均匀、温和加热，且受热物质温度不超过 100℃时，可使用水浴加热。实验室中可用盛有水的烧杯作水浴，也有铜质(或铝质)的水浴锅，其锅盖由大小不同的铜圈或铝圈制成，用来承受各种器皿。加热时用热源将水浴锅中的水煮沸(或一定温度)，用热水或蒸汽来加热器皿。在需要恒温加热时，通常采用电热恒温水浴加热器，可以自动控温，使用方便，且有多个浴孔供数人共用，图 3－5是几种电热恒温水浴加热器。使用水浴加热时应注意以下几点：

①应尽量保持水浴的严密，水浴锅内盛水量不要超过其容量的 2/3。

②不要将被加热的烧杯直接泡在水浴中，以免烧杯底部因接触水浴锅的底部受热不均而破裂。蒸发皿受水浴加热时，应尽可能增大受热面积，但不宜泡在水浴里，以蒸汽加热为好。

③加热时间长时，要补充少量热水，不要烧干。如果不慎把水浴锅中的水烧干时，应立即停止加热。必须等水浴冷却后，才能再加水继续使用。

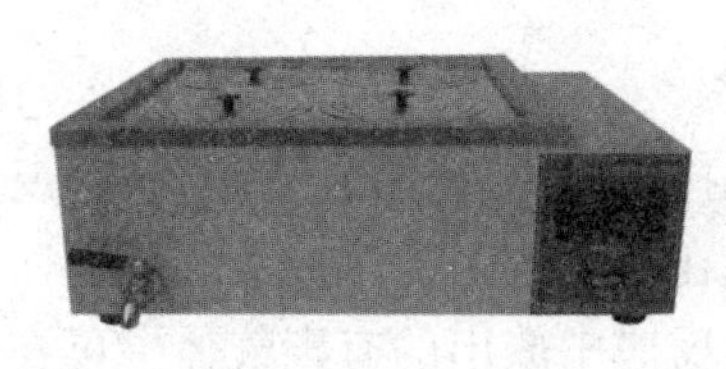

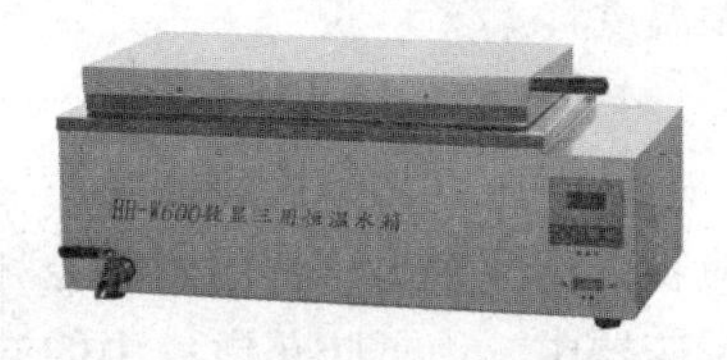

图3－5　电热恒温水浴加热器

(2)油浴和沙浴加热。当要求被加热的物质受热均匀且高于100℃时，可使用油浴或沙浴。

①油浴。用油代替水浴中的水即为油浴。例如甘油浴可用于150℃以下的加热，石蜡油浴可用于200℃以下温度的加热。

②沙浴。沙浴是一个盛有均匀细沙的铁盘，被加热器皿的下部埋置在细沙中。加热时加热铁盘，若要测量沙浴的温度，可把温度计插入沙中。沙浴的特点是升温比较缓慢，停止加热后，散热也比较缓慢。

3. 固体物质的灼烧

将固体物质加热到高温以达到脱水、分解或除去挥发性杂质、烧去有机物等目的的操作称为灼烧。

灼烧的方法是将固体放在坩埚中，直接用煤气灯或电炉加热(见图3－6)，或置于高温电炉中按要求温度进行加热。例如，重量分析法中灼烧硫酸钡晶体，分解矿石(锻烧石灰石为氧化钙和二氧化碳)的反应，高岭土熔烧脱水使其结构疏松多孔，进一步加工生产氧化铝，焙烧二氧化钛使其改变晶型和性质等，都是高温灼烧固体的实例。

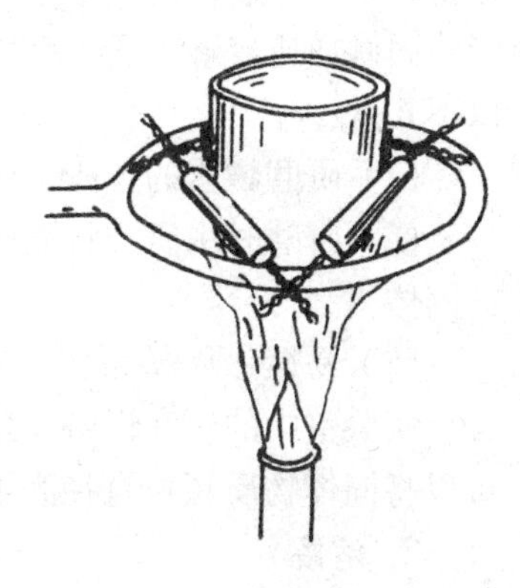

图3－6　灼烧坩埚

3.3.2.2　制冷方法

在实验化学中有些反应、分离及提纯要求在低温下进行，通常根据不同要求，选用合适的致冷技术。

1. 自然冷却

热的液体可在空气中放置一定时间，任其自然冷却至室温。

2. 吹风冷却和流水冷却

当实验需要快速冷却时，可将盛有溶液的器皿放在冷水流中冲淋或用鼓风机吹风冷却。

3. 使用冷冻剂冷却

要使溶液的温度低于室温时，可使用冷冻剂冷却。最简单的冷冻剂是冰盐溶液。100g碎冰和30g氯化钠混合，温度可降至－20℃，更冷的致冷剂是干冰(固体CO_2)、乙醇和丙酮混合物冷却温度可达－77℃。液态N_2能使温度降至－190℃。

必须指出，温度低于－38℃时，不能用水银温度计，应改用内装有机液体的低温温度计。

4. 回流冷凝

许多有机化学反应需要使反应物在较长时间内保持沸腾才能完成。为了防止反应物以蒸气逸出，常用回流冷凝装置，使蒸气不断地在冷凝管内冷凝成液体，返回反应器中。为了防止空气中的湿气浸入反应器或吸收反应中放出的有毒气体，可在冷凝管上口，连接 $CaCl_2$ 干燥管或气体吸收装置。为了使冷凝管的套管内充满冷却水，应从下面的入口通入冷却水，水流速度能保持蒸气充分冷凝即可。

3.3.3 溶解、蒸发与结晶

3.3.3.1 溶解

1. 固体的研磨

若固体物质颗粒较大，溶解或化学反应之前，往往需要进行粉碎。实验室中固体粉碎方法一般在研钵中进行。用研杵在研钵中将固体物质磨成细小颗粒或粉末，能使固体加速溶解、增大反应颗粒间的接触面，提高反应速率。研磨操作必须注意以下几点：

（1）研磨物质的体积不超过钵体容量的1/3。

（2）研磨时用研杵将固体颗粒挤压到研钵内壁，进行转圈研磨，不能用研杵敲击固体。

（3）易燃、易爆和易分解的物质不能用研磨的方法粉碎。

实验室中的研磨设备，除了研钵以外，还有较高级的小型球磨机和胶体磨等，可以将固体物质颗粒直径磨细到5μm 或1μm 左右。

2. 溶解

固体物质溶解成为所需要的溶液状态是常见的基本实验操作之一。固体溶解时，常用搅拌、加热等方法促其加快溶解。加热时，应注意被加热的物质对热稳定性，选择适当的加热方法。

3.3.3.2 蒸发

蒸发通常指液体表面的汽化现象，蒸发在任何温度下都可以发生。受热越多，温度越高，暴露面积大，则蒸发越快。在相同条件下，沸点低的液体较沸点高的液体容易汽化，如乙醇比水蒸发快。

在化学实验中，蒸发专指含有不挥发性溶质的溶液受热沸腾、蒸去溶剂而浓缩的一种操作技术。当溶液蒸发到一定程度时冷却，就可以析出固体(晶体)。当物质溶解度较大时，必须待溶液表面出现晶膜时停止蒸发，当物质的溶解度较小(或高温时溶解度较大)，不必蒸发到液面出现晶膜就可冷却。

在一般实验中，蒸发是在蒸发皿中进行的，蒸发皿的面积较大，有利于快速蒸发。蒸发皿中放液体的量不要超过其容积的2/3，可以随水分的蒸发逐渐添加被蒸发液。若无机物对热是稳定的，可用煤气灯直接加热蒸发，否则，用水浴间接加热。

对于某些物质，在大气压下蒸发时会引起氧化或其他不良作用，为了降低沸点或保证质量，蒸发可在减压下进行，通常叫作真空蒸发。一般在常压下蒸发时可用敞口设备，在减压蒸发时，就必须用密闭容器。

3.3.3.3　结晶与重结晶

1. 结晶

结晶是一种从液态(溶液或熔融态)或气态原料中析出晶体物质的操作技术。在结晶过程中有热量的变化和相态的变化。化工生产中常遇到的是从溶液中析出晶体。由于液、固平衡的存在，只要控制温度、浓度等条件，结晶操作不仅能够从溶液中取得固体溶质，而且能够实现溶质与杂质的分离，借以提高产品的纯度。

从过饱和溶液中析出的溶质沉淀大致可分为晶形沉淀与无定形沉淀。晶形沉淀本应是按其晶形而显示特有形状的沉淀，但实际上却由于形成时的条件不同而形状各异。此外有些沉淀，例如氢氧化铁和氢氧化铝等常常形成胶体，且最初呈无定形的，逐渐脱水缩合成为晶体。

溶质从溶液中析出时，先形成晶核，然后由晶核生成晶体。一般认为，过饱和程度越大，沉淀的溶解度越小，晶核生成速率就越大且数量就越多，得到晶体的颗粒就越小。下面是几种主要的结晶方法：

(1)冷却结晶。将溶液降温冷却使之成为过饱和溶液而析出晶体。此方法适用于那些易溶解且溶解度随着温度改变变化较大的物质，例如硫酸亚铁铵晶体的生成。

(2)蒸发结晶。通过蒸发除去部分溶剂使溶液变为过饱和溶液而析出晶体。此方法适用于那些溶解度随着温度改变变化不大的物质，例如氯化钠和氯化钾等晶体的形成。

(3)真空结晶。将溶液在真空状态下闪急蒸发使溶液在浓缩与冷却的双重作用下达到过饱和溶液而结晶。此法在工业结晶中应用广泛。

(4)盐析结晶。向溶液中加入溶解度大的盐类，以降低被结晶物质的溶解度，使其达到过饱和而结晶。

结晶的颗粒大小要适宜，颗粒大且均匀时，夹带母液较少，而且易于洗涤；结晶太细和参差不齐的晶体往往形成稠厚的糊状物，夹带母液较多，不仅不易洗涤甚至难以过滤沉淀，有时还会透过滤纸，使沉淀很难从母液中分离出来。

结晶颗粒大小取决于过饱和溶液的浓度和降温冷却的速率。稀的过饱和溶液晶核生成的数量少，易形成较大的结晶颗粒。如果迅速冷却饱和溶液，迅速形成大量晶核，析出的晶体颗粒必然是小的。如缓慢地冷却则析出粗大的晶体颗粒，所以要控制适宜的冷却速率，其次还要选择合适的结晶温度。

为了获得纯净的结晶，应该在结晶前先将溶液过滤除去杂质。如果冷却后析不出晶体，可以振荡结晶器皿，或用玻璃棒小心地磨擦器壁，促进晶核的生成，也可以投入晶种，结晶就会逐渐增多。

2. 重结晶

在化学实验中制得的固体产品常含有少量杂质，重结晶是除去这些杂质最常用的方法。把第一次得到的晶体重新溶入少量溶剂中加热溶解，然后再结晶，这样反复进行的过程叫作重结晶。选择合适的溶剂，使固体在该溶剂中，较高温度时溶解度较大，温度下降时溶解度较小；而一些杂质在这种溶剂中，有较大的溶解度，而另外一些杂质的溶解度则很小。这样，加热时，被精制的固体和溶解度较大的杂质就溶解，趁热过滤，可除去其中不溶杂质；待滤液冷却后，被精制的物质从过饱和溶液中结晶析出，而把溶解度较大的其他杂质留在溶液中。如一次重结晶后，所得到的产物仍不够纯净，可重复几次，最后得到很纯的产物。

正确地选择溶剂对于重结晶操作很重要，所用溶剂必须符合下列条件：

(1)不与被重结晶物质发生反应。

(2)加热时，重结晶物质的溶解度较大；冷却后，溶解度很小。

(3)杂质在该溶剂中溶解度较大或较小。

(4)溶剂的沸点不宜太高，易除去。

如果单一溶剂均不适合该物质的重结晶时，则可使用混合溶剂进行重结晶。混合溶剂是指对该物质溶解度很大的和溶解度很小的且又能互溶的两种溶剂混合组成。一般常用的混合溶剂有乙醇与水、乙醇与乙醚、乙醇与丙酮、醋酸与水、苯与石油醚等。使用时可以将被重结晶的物质溶解在适量的易溶溶剂中制成热饱和溶液，趁热过滤以除去不溶的杂质，然后逐渐滴加难溶溶剂，直至出现混浊不再消失为止，再加热或加入少量易溶溶剂使其刚好澄清，将此溶液慢慢冷却，即析出晶体；也可以先试出混合溶剂的适当比例，配好后，像单一溶剂那样配制热的饱和溶液。

如果用水做溶剂，可以用烧杯进行操作。如果用有机溶剂或混合溶剂时，就要用烧瓶或锥形瓶装上回流冷凝管进行操作。把要重结晶的物质放入烧瓶中，加入适量的溶剂(比需要量小)，装上回流冷凝管，加热到沸腾。如不能完全溶解，再从冷凝管的上口分批加入少量溶剂(每加入一些溶剂后都要煮沸)，直到物质全部溶解，然后稍微多加入一些(一般多加 20%)。在加入可燃性溶剂时，应把火源移开或熄灭。

如果溶液中含有有色物质或树脂状物质，可以用活性炭脱色。当溶液稍冷后，加入活性炭。活性炭的用量依据有色物质多少而定，一般加入量约为被结晶物质质量的 1% ~2%。活性炭可以一次加入，也可以分批加入，每加入一批后，煮沸，待溶液稍冷后，再加入另一批，直到有色杂质除去。在有些情况下，要得到完全无色的溶液是不容易的，这时一般也不宜加入太多的活性炭。原因是活性炭除了吸附有色物质或树脂状物质外，也吸附被重结晶的物质。经过脱色后的溶液，趁热过滤。

3.3.4　沉淀母液的分离

3.3.4.1　过滤法

过滤法是将溶液与沉淀分离最常用的方法。过滤时，溶液与沉淀的混合物通过过滤器(如滤纸)，沉淀留在过滤器上，溶液则通过过滤器进入承接的容器中，所得溶液称为滤液。

溶液的温度、黏度，过滤时的压力，过滤器孔隙的大小和沉淀物的性质都会影响过滤的快慢。热溶液比冷溶液容易过滤，但一般说来温度升高，沉淀的溶解度也有所提高，可能会导致分离不完。过滤速度还同溶液的黏度有关，一般说来黏度大，过滤慢。此外，还可以通过控制过滤器两边的压差来调节过滤速度(如减压过滤)。至于过滤器孔隙的大小应从两方面考虑：孔隙较大，过滤加快，但小颗粒的沉淀也会通过过滤器进入滤液；孔隙较小，沉淀的颗粒易被滞留在过滤器上，形成一层密实的固体层(滤饼)，堵塞住过滤器的孔隙，使过滤速度减慢甚至难以进行。另外，胶体沉淀能够穿过一般的滤纸，所以过滤前应设法把胶状沉淀破坏，如加热煮沸或用保温过滤的方法。化学制备中常用的过滤方法有常压过滤、热过滤和减压过滤三种。

1. 常压过滤

在常压下用普通漏斗过滤的方法称为常压过滤法，此法最为简便和常用，过滤器是玻璃漏斗和滤纸。

玻璃漏斗锥体的角度应为60°，但也有略大一些的情况，使用时应注意校正。滤纸分为定性和定量两种。按照孔隙的大小，滤纸又可分为快速、中速和慢速三个类型，应根据实际需要加以选用。

过滤时，取圆形滤纸或四方形滤纸(要剪成圆形)一张，对折两次，叠成四层，展开呈圆锥形(一半为三层，一半为一层)，锥顶朝下放入漏斗中应与60°角的漏斗相密合。如果漏斗不够标准，应适当改变所折滤纸的角度然后再展开成锥体。为确保滤纸与漏斗壁之间贴紧后无空隙，可事先在三层滤纸的那一边，将外层撕去一小角。用食指把滤纸按在玻璃漏斗的内壁上，用少量去离子水润湿滤纸，使其贴紧。注意，滤纸的边缘应略低于漏斗的边缘。如果滤纸贴在漏斗上后，若发现两者之间有气泡，应用手指(或玻棒)轻压滤纸，把气泡赶走，以免影响过滤速度。为了加速过滤过程，可在过滤溶液之前先作一个“水柱”，方法是手指堵住漏斗下口，掀起滤纸，向滤纸与漏斗壁间加水，使漏斗颈及锥体下端充满水，然后把滤纸按紧在壁上，再放开下面堵住出口的手指时，漏斗颈中的水仍能保留，此时“水柱”即告做成。在整个过滤过程中，漏斗颈一直被液体充满，这样才能迅速过滤。

过滤时应注意以下几点：

(1)漏斗放在漏斗架上，并调整漏斗架的高度，使漏斗的出口靠在接受容器的内壁上，以便使溶液顺着容器壁流下，减少空气阻力，加速滤程，且防滤液溅出。

(2)将溶液转移到漏斗中时，先倾倒溶液，后转移沉淀，这样就不会因为沉淀堵塞滤纸的孔隙而减慢过滤速度。

(3)转移溶液时，应使用玻璃棒，让溶液顺其缓慢倾入漏斗中，玻璃棒下端轻轻触在三层滤纸处，以免把单层滤纸冲破。

(4)在过滤过程中，溶液的转移要渐续进行，漏斗中的溶液不能太多，液面应低于滤纸上缘 3 ~5mm，以防过多的溶液沿滤纸和漏斗内壁的隙缝流入接受器，失去滤纸的过滤作用。

如果需要洗涤沉淀，则要等溶液转移完毕后，往盛有沉淀的容器中加少量去离子水，充分搅拌，静置片刻，待溶液中沉淀下沉后，再把上层溶液倾入漏斗内。如此重复二三遍(或根据洗涤条件，例如洗至中性 pH = 7 等)，再把沉淀转移到滤纸上。

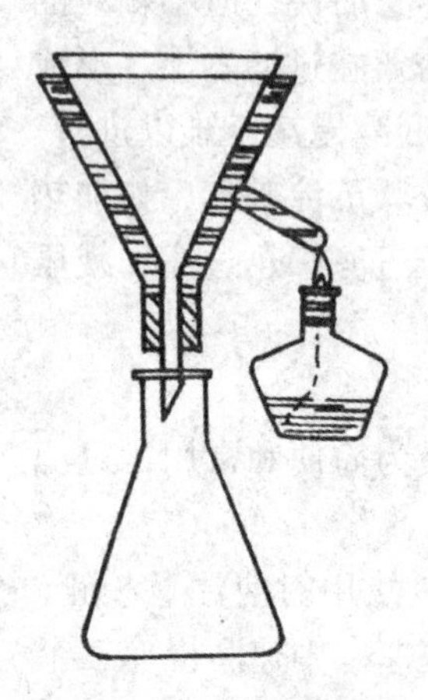
图 3 –7　热过滤

2. 热过滤

为了防止热过滤某些溶液在温度降低时易析出晶体，通常使用热过滤法过滤。热过滤时，把玻璃漏斗放在铜质的热水漏斗内，如图 3 –7 所示。热水漏斗内装有热水(注意不要加水过满，以免加热沸腾后溢出)，用酒精气灯加热热水漏斗，以维持溶液的温度，保证过滤中不析出晶体。热过滤所选用的玻璃漏斗，其颈外露部分不宜过长。

3. 减压过滤(或称抽滤或真空过滤)

减压可以加快过滤的速度，还可以把沉淀抽吸得比较干。但对于结晶颗粒太小的沉淀和胶态沉淀，不适于用此法过滤。减压过滤法使用的仪器有布氏漏斗、抽(吸)滤瓶、真空泵(水泵)、安全瓶。布氏漏斗(或称瓷孔漏斗)为瓷质过滤器，中间为具有许多小孔的瓷板，以便使溶液通过滤纸从小孔流出。滤瓶用以承接过滤下来的滤液，其支管用橡胶管和安全瓶的短管连接，而安全瓶的长管和“文氏管”式抽气泵横管相连接。“文氏管”式抽气泵连接在水龙头上。安全瓶的作用是防止水泵中水产生溢流而倒灌入吸滤瓶中，如图 3 –8 所示。

必须注意，如果在抽滤装置中不用安全瓶，过滤完成后，应先拔掉连接吸滤瓶和水泵的橡胶管，再关水龙头，以防倒吸现象发生。

减压过滤的操作方法如下：

①剪滤纸：取一张大小适中的滤纸，在布氏漏斗上轻压一下，然后沿压痕内径剪成圆形，此滤纸放入漏斗中，应是平整无皱折，且将漏斗的瓷孔全部盖严。**注意：滤纸不能大于漏斗底面。**

②将滤纸放在漏斗中，以少量去离子水润湿，然后把漏斗安装在抽滤瓶上(尽量塞紧)，微开水龙头，减压使滤纸贴紧。

③以玻璃棒引流，将待过滤的溶液和沉淀逐步转移到漏斗中，加溶液速度不要

太快，以免将滤纸冲起。随着溶液的加入，水龙头要开大。**注意：布氏漏斗中的溶液不得超过漏斗容积的2/3。**

④过滤完成(即不再有滤液滴出)时，先拔掉抽滤瓶侧口上的胶管，然后关掉水龙头。

⑤用手指或搅棒轻轻揭起滤纸的边缘，取出滤纸及其上面的沉淀物。滤液则由吸滤瓶的上口倾出。注意吸滤瓶的侧口只作连接减压装置用，不要从侧口倾倒滤液，以免弄脏溶液。如果实验中要求洗涤沉淀，洗涤方法与使用玻璃漏斗过滤时相同，但不要使洗涤液过滤太快(适当关小水龙头)，以便使洗涤液充分接触沉淀，使沉淀洗得更干净。

实验室常用的真空泵为循环水式真空泵，如图3－9所示。

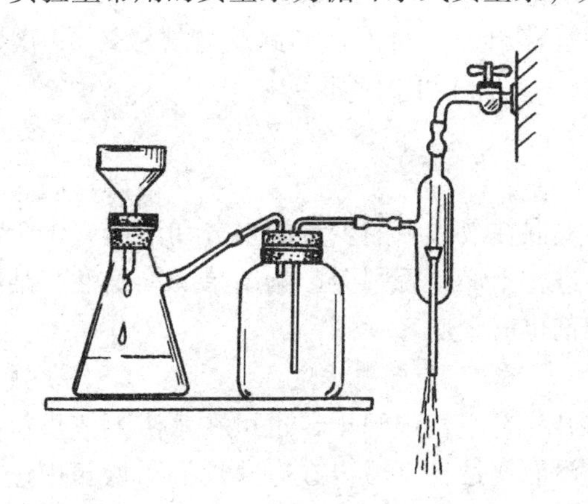

图3－8　减压过滤装置

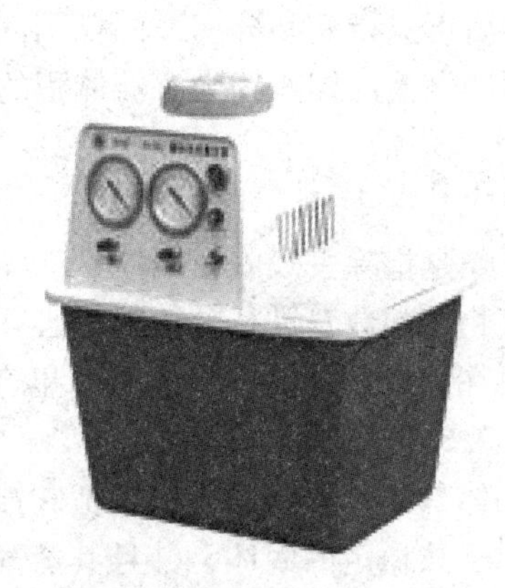

图3－9　循环水式真空泵

3.3.4.2　离心分离法

少量溶液和沉淀物分离时，采用离心分离法，此法简便、快速。例如，试管反应中，用一般的过滤法，沉淀粘在滤纸上难以取下，不便进一步的实验。

将盛有沉淀和溶液的离心试管放在离心器内，靠离心器的高速旋转，沉淀受离心力的作用，向离心试管的底部移动且积集于管底，上方得到澄清的溶液。沉淀物的密度越大及沉淀物颗粒越大时，则固液分离越快。一般说来，当沉淀的密度小于1时，不能用离心分离法分离。

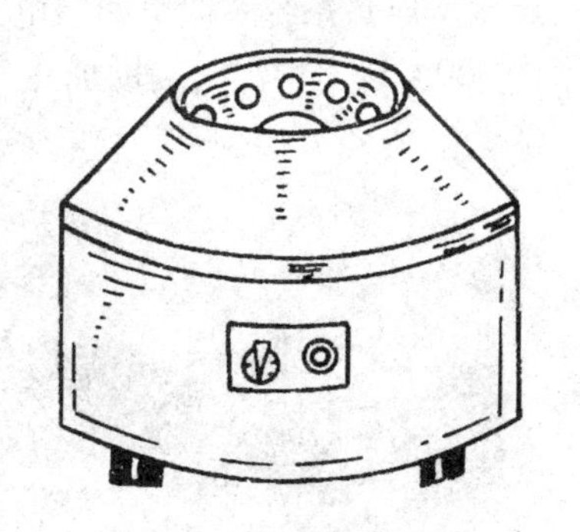

图3－10　电动离心机

实验室常用的离心器是电动离心机，如图3－10所示。使用时将装有试样的离心试管放在离心器的套管中，为了使离心器旋转时保持平衡，几个离心试管要两两对称放置。如果只有一个试样，则在对称的位置上放一支离心试管，内装等量的水。此外，选择对称放置的离心试管时，应注意选取规格、质量相当的离心试管，以免整个体系质量不平衡。

电动离心机的转动速度很快，使用时要注意安全。放好离心试管后，把盖子盖好。开始时应把变速器放在最低档，以后逐渐加速(一般转速适中即可，不必过高)，离心 3 ~5min 后即可停止，也要注意逐级减速，最后关停，任其自然停止转动。切不可用手强制其停转，一是危险，二是易损坏离心机轴，三是突然停止转动会导致离心机振动，将沉淀物重新翻起。

离心沉降后，需将溶液和沉淀分离时，则用左手斜持离心试管，右手拿滴管，用手指捏紧滴管的橡皮头以排除其中的空气，然后轻轻地将滴管插入清液中(注意不可使滴管触及沉淀)，这时慢慢减小手对橡皮头的挤压力量，清液即被吸入滴管中。随着离心试管中清液的减少，滴管逐渐下移，至全部清液被吸出并转移到接受器中为止。如果沉淀需要洗涤，可以往盛有沉淀的离心试管中加入适量洗涤液，充分搅拌后再进行离心分离，同样用滴管移出上层清液。如此反复洗涤 2 ~3 次，每次所用洗涤液的体积约为沉淀体积的 2 ~3 倍即可。

3.3.5 干燥

干燥是指除去吸附在固体、气体或混在液体中的少量的水分和溶剂。化合物在测定其物理常数及进行分析前都必须进行干燥，否则会影响结果的准确性。某些反应需要在无水条件下进行，原料和溶剂也需干燥。

3.3.5.1 固体的干燥

固体最简单的干燥方法是把它摊开，在空气中晾干，也可在水浴上或烘箱中干燥。对于热稳定的固体，并且其蒸气没有腐蚀性，可以在电热恒温干燥箱中进行干燥(干燥箱的温度调节到低于该物质的熔点约 20℃左右进行干燥)。

电热恒温干燥箱是利用电热丝隔层加热使物体干燥的设备。它适用于比室温高 5 ~200℃范围的恒温烘焙、干燥、热处理等，灵敏度通常为 ±1℃。电热恒温干燥箱一般由箱体、电热系统、自动恒温控制系统和鼓风系统等部分组成，如图 3 –11 所示。电热系统一般由两组电热丝构成，一组为辅助电热丝，用于短时间内急升温和 120℃以上恒温时辅助加热。另一组为恒温电热丝，受温度控制器控制。辅助电热丝工作时恒温电热丝必定也在工作，而恒温电热丝工作时辅助电热丝不一定工作(如 120℃以下的恒温时)。

图 3 –11　电热恒温鼓风干燥箱

此外，固体还常在干燥器中进行干燥。

(1)普通干燥器。盖与缸之间的接触面经过磨砂，在磨砂处涂上凡士林，便紧密吻合，缸中有多孔瓷板，下面放干燥剂，上面放被干燥的物质。根据固体表面所带的溶剂来选择干燥剂。如氧化钙(生石灰)用于吸收水或酸，无水氯化钙吸收水和醇，氢氧化钠吸收水和酸，石蜡吸收石油醚等，所选用的干燥剂不能与被干燥的物质反应。为了更好地干燥，也可用浓硫酸或五氧化二磷作为干燥剂。

(2)真空干燥器。真空干燥器的形状与普通干燥器同，只是盖上带有活塞，可以和真空泵相连，降低干燥器内的压力。在减压情况下干燥，可以提高干燥效率。活塞下端呈弯勾状，口向上，防止和大气相通时因空气流入太快将固体冲散。开启盖前，必须先旋开活塞，使内外压力相等，方可打开，如图 3－12 所示。

(3)红外线快速干燥箱。用红外线干燥固体物质时，可将被干燥固体物质放入红外线干燥箱中或置于红外灯下进行烘干，但要注意被干燥物质与红外灯之间的距离，否则温度太高使被干燥物质未被干燥而被熔化，用红外线干燥的特点是能使溶剂从固体内部的各个部分蒸发出来。

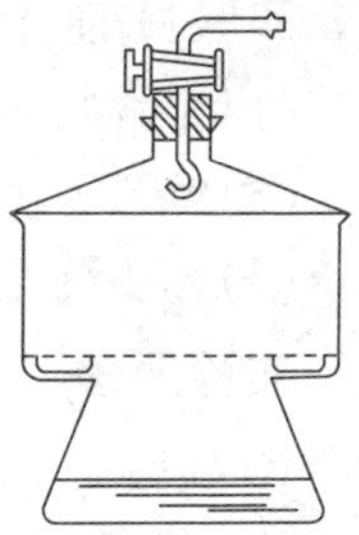

图 3－12 真空干燥器

3.3.5.2 液体的干燥

液体有机物中含有的少量水分通常是用固体干燥剂除去。选用的干燥剂应符合下列条件：①干燥剂与被干燥的有机物不发生反应；②干燥剂不溶于被干燥的有机物中；③干燥剂干燥速度快，吸水量大(吸水量是指单位质量干燥剂所吸收的水量)，价格低廉。

下面是常用的干燥剂及应用范围：

①无水氯化钙。吸水能力大，吸收后形成 $CaCl_2 \cdot 6H_2O$(30℃以下)，价廉，所以在实验室中广泛地应用。因氯化钙能水解生成碱式氯化钙、氢氧化钙，又易与醇、胺以及某些醛、酮、酯生成配合物，因此不宜用作酸性物质以及醇、胺和某些醛、酮、酯的干燥剂。

②无水硫酸镁。很好的中性干燥剂，干燥作用快，价格不贵，能形成 $MgSO_4 \cdot nH_2O$($n=1, 2, 4, 5, 6, 7$)，可用来干燥不能用其他干燥剂干燥的有机物，例如醇、醛、酸、酯等。

③无水硫酸钠。吸水量大，吸水后形成 $Na_2SO_4 \cdot 10H_2O$(32.4℃以下)，本身为中性盐，对酸性或碱性物质都无作用，使用范围也广，但吸水速度较慢，而且最后残留的少量水分不易吸收。

④无水碳酸钾。吸水能力中等，能形成 $K_2CO_3 \cdot H_2O$，作用较慢，碱性，适用于干燥中性有机物如醇类、酮类和腈类及碱性有机胺类等。

⑤固体氢氧化钠、氢氧化钾。主要用于干燥胺类，使用范围有限。

⑥金属钠。用无水氯化钙处理后的烃类，醚类等，常用金属钠除去其中微量的水。金属钠比较贵。

干燥方法如下：取一个大小适中的既干净又干燥的锥形瓶，放入被干燥的液体，加入适量的干燥剂，塞好塞子，摇荡，然后静置一定的时间。使用干燥剂时应注意用量适当，否则不是干燥的不完全，就是被干燥物质过多地吸附在干燥剂的表面上而造成损失。在实际操作时，可先少加一些，振摇放置片刻后，如果干燥剂有潮解现象，则再加一些；如果出现少量水层，则必须用滴管将水层吸去，再加入一些干燥剂。

实验三　硫酸亚铁铵的制备及纯度检验

一、实验目的

(1)了解制备复盐的一种方法。

(2)练习无机制备中溶解、蒸发、结晶、过滤等基本操作技术。

(3)初步练习目测比色半定量分析方法。

二、实验原理

1. 硫酸亚铁铵的制备

硫酸亚铁铵俗称摩尔盐，为浅绿色单斜晶体。在空气中比一般的亚铁盐稳定，不易被氧化，因此在分析化学中被用作氧化还原滴定法的基准物。

根据$(NH_4)_2SO_4$、$FeSO_4$和硫酸亚铁铵在水中的溶解度数据可知，硫酸亚铁铵溶解度较小，很容易从浓的$FeSO_4$和$(NH_4)_2SO_4$混合液中结晶出来。摩尔盐的分子式为$FeSO_4 \cdot (NH_4)_2SO_4 \cdot 6H_2O$。

本实验用金属铁与稀硫酸反应，得到硫酸亚铁溶液：

$$Fe + H_2SO_4 \longrightarrow FeSO_4 + H_2 \uparrow$$

然后加入与硫酸亚铁等物质量的硫酸铵，制成混合溶液。通过加热浓缩，冷却到室温，便可以得到以上两种盐等摩尔作用生成的、溶解度较小的硫酸亚铁铵复盐晶体：

$$FeSO_4 + (NH_4)_2SO_4 + 6H_2O = (NH_4)_2SO_4 \cdot FeSO_4 \cdot 6H_2O$$

三种盐的溶解度(单位：g/100g 水)数据如下：

温度/℃	10	20	30	温度/℃	10	20	30	温度/℃	10	20	30
$FeSO_4$	20.0	26.5	32.9	$(NH_4)_2SO_4$	73.0	75.4	78.0	$(NH_4)_2SO_4 \cdot FeSO_4 \cdot 6H_2O$	17.2	21.6	28.1

2. 目测比色法测定Fe^{3+}的含量

用目测比色法可半定量的判断产品中所含杂质的量。本实验根据Fe^{3+}能与KSCN生成血红色的配合物：

$$Fe^{3+} + nSCN^- \longrightarrow [Fe(SCN)_n]^{3-n}$$

Fe^{3+}越多，血红色越深。因此，称取一定量制备的$FeSO_4 \cdot (NH_4)_2SO_4 \cdot 6H_2O$晶体，在比色管中与KSCN溶液反应，制成待测溶液。将它所呈现的红色与含一定量Fe^{3+}所配制的标准溶液的红色进行比较，以确定产品的等级。

三、仪器与药品

1. 仪器及材料

无机化学实验常用玻璃及其他器皿1套(见实验二中表2－7)　电子天平

比色管(25mL)及比色管架　循环水式真空泵　布氏漏斗及吸滤瓶　滤纸

2. 药品

HCl(2mol/L)	H_2SO_4(3mol/L)	Na_2CO_3(10%)
KSCN (1mol/L)	Fe^{3+}的标准溶液	铁屑
硫酸铵(固体)	乙醇	pH 试纸

四、实验内容

1. 硫酸亚铁铵的制备

(1) 铁屑表面油污的清除。称 2g 的铁屑于烧杯中，加入 10mL 10% Na_2CO_3 溶液，小火加热约 10min 以除去铁屑表面的油污，用倾析法除去碱液，去离子水把铁屑冲洗干净。

(2) 硫酸亚铁的制备。往盛有处理干净铁屑的烧杯中加入 15mL 3mol/L H_2SO_4 溶液，盖上表面皿，放在石棉网上用小火加热(或水浴加热)，使铁屑和硫酸反应到不再有气泡冒出为止(约需 20min)。在加热的过程中应不时地加入去离子水，以补充反应过程中蒸发掉的水分，防止硫酸亚铁结晶出来。同时，还要补充 H_2SO_4 溶液以维持反应体系的 pH 值在 1 附近。趁热用普通漏斗过滤，滤液承接于洁净的烧杯中。将过滤出来的残渣用滤纸吸干后，称量，以确定反应的铁屑量，从而计算出溶液中硫酸亚铁的质量。

(3) 硫酸亚铁铵的制备。根据溶液中的硫酸亚铁的量，按化学反应方程式计算并称取所需的硫酸铵的质量，在室温下配制成饱和溶液，加入上面制得的硫酸亚铁溶液中。混合均匀后，用3mol/L H_2SO_4 溶液调节反应体系的 pH 值为 1 ~ 2，用小火蒸发(或水浴蒸发)浓缩至溶液表面出现结晶薄膜为止。取下蒸发皿，静置冷却到室温。减压过滤，用少量的乙醇洗去晶体表面的水分，抽干晶体。然后把晶体转移到表面皿上，晾干。称量晶体的质量，计算理论产量和产率。

2. 产品检验

(1) Fe^{3+}标准溶液的配制(由实验室提供)。称取 0. 2159g 的 $NH_4Fe(SO_4)_2 \cdot 12H_2O$ 溶于少量的去离子水中，加入 4mL 3mol/L H_2SO_4，定量转移到 250mL 容量瓶中，稀释至刻度。此溶液为 0. 1000g/L Fe^{3+}标准溶液。

(2) 标准色阶的配制(由实验室提供)。分别取 0. 1000g/L Fe^{3+} 标准溶液 0. 50mL、1. 00mL、2. 00mL 于25mL 比色管中，加入2mL 2mol/L HCl 和1mL 1mol/L KCSN 溶液，用去离子水稀释至刻度，摇均匀，即配制成：(a) Fe^{3+}0. 05mg/g(符合一级试剂)；(b)含 Fe^{3+}0. 10mg/g(符合二级试剂)；(c) 含 Fe^{3+}0. 20mg/g(符合三级试剂)系列标准色阶。

(3) 产品级别的确定。称取 1. 0g 产品于 25mL 比色管中，用 15 mL 不含氧去离子水(煮沸)溶解，再加入 2mL 2mol/L HCl 和 1mL 1mol/L KCSN 溶液，用不含氧去离子水稀释至刻度，摇均匀，然后与标准色阶进行目测比色，确定产品的级别。

五、思考题

(1)为什么制备硫酸亚铁时，体系必须保持酸性？实验中是怎样保证溶液的酸性的？

(2)在蒸发硫酸亚铁铵时，为什么有时溶液会发黄？此时应怎样处理？

(3)在检验产品中含 Fe^{3+} 时，为什么要用不含氧的去离子水？如何制备不含氧的去离子水？

(4)减压过滤和目测比色操作应注意什么？

实验四　硫代硫酸钠的制备及纯度检验

一、实验目的

(1)掌握硫代硫酸钠的制备方法。

(2)掌握无机制备中溶解、蒸发、结晶、过滤等基本操作技术。

(3)学习 SO_3^{2-}、SO_4^{2-} 的半定量比浊分析法。

二、实验原理

1. 硫代硫酸钠的制备

硫代硫酸钠($Na_2S_2O_3 \cdot 5H_2O$)是一种常见的化工原料和试剂，商品名为海波，俗称大苏打，无色透明晶体，易溶于水。硫代硫酸钠晶体在空气中稳定，水溶液呈碱性；在中性、碱性介质中能稳定存在，是中强还原剂；在酸性介质中不稳定，易分解成单质硫和二氧化硫。

根据中性介质中的电极电势

$$2SO_3^{2-} + 3H_2O + 4e^- \rightleftharpoons S_2O_3^{2-} + 6OH^- \qquad \varphi^\ominus = +0.04V$$

$$S_2O_3^{2-} + 3H_2O + 4e^- \rightleftharpoons 2S + 6OH^- \qquad \varphi^\ominus = -0.12V$$

因此，将硫粉溶于沸腾的亚硫酸钠溶液中便可得到硫代硫酸钠：

$$S + Na_2SO_3 \longrightarrow Na_2S_2O_3$$

2. 比浊分析测定杂质含量

用比浊分析法可半定量判断产品中杂质的含量。本实验制备的硫代硫酸钠中，含有 SO_3^{2-} 和 SO_4^{2-} 杂质。分析时先用 I_2 将 SO_3^{2-}，$S_2O_3^{2-}$ 氧化为 SO_4^{2-}，$S_4O_6^{2-}$，然后加入 $BaCl_2$ 溶液与 SO_4^{2-} 反应生成难溶的 $BaSO_4$，使溶液变混浊。显然，溶液混浊度与试样中的 SO_4^{2-} 含量成正比。因此可用比浊度的方法，半定量分析样品中 SO_3^{2-} 和 SO_4^{2-} 总量。

三、仪器与药品

1. 仪器及材料

无机化学实验常用玻璃及其他器皿1套　比色管(25mL)及比色管架　电子天平

循环水式真空泵 布氏漏斗及吸滤瓶 滤纸 移液管(1mL、5mL) 容量瓶(100mL)

2. 药品

HCl(0.1mol/L)	I_2 溶液(0.05mol/L)	$BaCl_2$(25%)	硫粉
SO_4^{2-} 标准溶液	亚硫酸钠(固体)	乙醇	

四、实验内容

1. 硫代硫酸钠的制备

(1)称2g研细的硫粉于烧杯中，加入1mL乙醇使其润湿，再加入6g的亚硫酸钠固体和30mL水。加热至沸腾并不断地搅拌，保持微沸状态不少于40min，直至仅剩下少许的硫粉悬浮在溶液中。在加热的过程中应不时地补充去离子水，控制溶液的总体积不少于20mL。

(2)趁热用普通漏斗过滤，滤液承接在洁净的蒸发皿中。水浴加热蒸发到溶液呈微黄色混浊为止，取下蒸发皿，静置冷却到室温。

(3)减压过滤，用少量的乙醇洗去晶体表面的水分，抽干后把晶体转移到表面皿中凉干。称量晶体的质量，计算理论产量和产率。

2. 产品检验

(1)SO_4^{2-} 标准溶液的配制(由实验室提供)。称取0.1814g的 K_2SO_4 溶于少量的去离子水中，定量转移到1L的容量瓶中，稀释至刻度。此溶液为0.100 0g/L SO_4^{2-} 标准溶液。

(2)标准浊度阶的配制(由实验室提供)。分别取0.100 0g/L SO_4^{2-} 标准溶液0.50mL，1.00mL，2.00mL于25mL比色管中，加入1mL 0.1mol/L HCl和1mL 25% $BaCl_2$ 溶液，用去离子水稀释至刻度，摇均匀，即配制成了系列标准浊度阶：(a)含 SO_4^{2-} 0.05mg/g(符合一级试剂)；(b)含 SO_4^{2-} 0.10mg/g(符合二级试剂)；(c)含 SO_4^{2-} 0.20mg/g(符合三级试剂)。

(3)产品级别的确定。称取1.0g产品于烧杯中，加入25mL去离子水溶解后，先加入30mL 0.05mol/L I_2 溶液，在不断搅拌下继续滴加 I_2 溶液，使溶液呈淡黄色。然后，转移到100mL的容量瓶中，用去离子水稀释至刻度，摇均匀。用10mL移液管移取该样品于25mL比色管中，加入1mL 0.1mol/L HCl和1mL 25% $BaCl_2$ 溶液，用去离子水稀释至刻度，摇均匀。放置10min后，加1滴0.05mol/L I_2 溶液，摇均匀，立即与标准浊度阶进行目测比浊，确定产品的级别。

五、思考题

(1)要提高硫代硫酸钠产品的纯度，在实验中应注意哪些问题？

(2)制得的产品为何不用水洗而用乙醇洗涤？

(3)你制备的产品达到了什么等级？实验成败的关键在何处？

实验五 粗食盐的提纯

一、实验目的

(1)掌握化学法提纯粗食盐的原理和方法。

(2)学习分离提纯的方法，熟练有关基本操作。

(3)了解“中间控制检验”概念。

二、实验原理

1. 粗食盐的提纯

食盐化学名称为氯化钠，是一种常见的化工原料、试剂和饮食用品，易溶于水。天然的食盐矿及海水晒制的粗食盐常含有 K^+，Ca^{2+}，Mg^{2+}，Fe^{3+}，SO_4^{2-}，CO_3^{2-} 等可溶性杂质和泥沙等不溶性杂质，使用前必须提纯。

不溶性杂质可通过溶解、过滤除去，可溶性杂质可加入适当的化学试剂，使其反应生成难溶于水的物质而除去。首先，往粗食盐溶液中加入稍微过量的 $BaCl_2$ 溶液，将 SO_4^{2-} 转化为难溶的 $BaSO_4$，过滤可除去 SO_4^{2-}，然后加入 NaOH 和 Na_2CO_3 溶液，可将 Ca^{2+}，Mg^{2+}，Fe^{3+}，Ba^{2+}转化为难溶的 $CaCO_3$，$BaCO_3$，$Mg_2(OH)_2CO_3$，$Fe(OH)_3$ 过滤除去，最后用稀盐酸溶液调节食盐溶液的 pH 值至 2~3，除去溶液中 OH^-和 CO_3^{2-}，K^+离子含量较小，溶解度比较大，浓缩不要蒸干，留在母液中除去。

2. “中间控制检验”概念

在提纯过程中，为检验某杂质是否除尽，常取少量清液于试管中(或对一时难以分离的试样可取少量溶液，离心分离后)，缓慢地滴加适当的试剂来进行检查，这种方法称为中间控制检验。在生产实践中同样使用。本实验中检查 SO_4^{2-} 是否完全除去，可向上层澄清溶液加几滴 1mol/L $BaCl_2$ 溶液，若溶液变混浊，则表示还有 SO_4^{2-}，需继续加入 $BaCl_2$ 溶液；若溶液不变化，则表示 SO_4^{2-} 已沉淀完全，可转入下一步操作。用相同方法检查其他离子。

三、仪器与药品

1. 仪器及材料

无机化学实验常用玻璃及其他器皿 1 套 比色管(25mL)及比色管架 电子天平

循环水式真空泵 布氏漏斗及吸滤瓶 滤纸 pH 试纸

2. 药品

$BaCl_2$(1.0mol/L)	HCl(2.0mol/L)	NaOH(2.0mol/L)
Na_2CO_3(1.0mol/L)	$(NH_4)_2C_2O_4$(饱和)	镁试剂
酒精	粗食盐	

四、实验内容

1. 粗食盐的提纯

(1)溶解粗食盐。称5g的粗食盐于烧杯中，加入25mL去离子水，加热搅拌使大部分固体溶解，剩下少量不溶的泥沙等杂质。

(2)除去SO_4^{2-}离子。边加热边搅拌，滴加1mol/L $BaCl_2$溶液，使$BaSO_4$沉淀(约3mL)。待沉淀下降后，滴加少量的$BaCl_2$溶液于上层清液中，以检验SO_4^{2-}离子是否沉淀完全，如有白色沉淀生成，则需在热溶液中再补加适量的$BaCl_2$，直至沉淀完全。如没有白色沉淀生成，可用倾析法过滤，滤液收集在烧杯中。

(3)除去Mg^{2+}，Ca^{2+}和Ba^{2+}。在滤液中加入适量2mol/L NaOH溶液和1mol/L的Na_2CO_3溶液，加热至沸，静置片刻。检验沉淀是否完全。沉淀完全后，用倾析法过滤，滤液收集在烧杯中。

(4)除去OH^-和CO_3^{2-}离子。在滤液中逐滴加入2mol/L HCl溶液，使pH值达到2~3。

(5)蒸发结晶。将滤液转入蒸发皿中，小火加热，将溶液浓缩至糊状，停止加热。冷却后减压抽滤，将晶体抽干，并转移至事先称量好的表面皿中，放红外干燥箱内烘干。冷却，称取表面皿与晶体的总质量，计算产量和产率。

2. 产品纯度的检验

取粗食盐和精盐各0.5g放入试管内，分别溶于5mL去离子水中，然后，各分3等份，盛在6支试管中，分成3组，用对比法比较它们的纯度。

(1)SO_4^{2-}离子的检验。向第1组试管中各滴加2滴1mol/L $BaCl_2$溶液，观察现象。

(2)Ca^{2+}离子的检验。向第2组试管中各滴加2滴饱和$(NH_4)_2C_2O_4$溶液，观察现象。

(3)Mg^{2+}离子的检验。向第3组试管中各滴加2滴2mol/L的NaOH溶液，再加入1滴镁试剂，观察有无蓝色沉淀生成。

五、思考题

(1)本实验经过两次过滤，想一想能否把两次过滤合并在一起一次完成，为什么?

(2)制得的产品为何不用水洗而用65%乙醇洗涤?

(3)在浓缩氯化钠溶液时应注意哪些问题?

实验六　从废铜制备硫酸铜和焦磷酸铜

一、实验目的

(1)掌握由金属铜制备铜盐的原理和方法。

(2)进一步熟练掌握称量、结晶、过滤等基本操作。

二、实验原理

$CuSO_4 \cdot 5H_2O$ 是蓝色三斜晶体，俗称胆矾、蓝矾或铜矾，在干燥空气中会缓慢风化，150℃以上失去5个结晶水，成为白色无水硫酸铜。无水硫酸铜有极强的吸水性，吸水后显蓝色，可用于检验某些有机物中是否残留水分。

$CuSO_4 \cdot 5H_2O$ 在工业上有多种制备方法，如氧化铜酸化法、硝酸氧化法等。本实验用铜丝(屑)与硫酸、硝酸铵和硝酸反应制备 $CuSO_4 \cdot 5H_2O$，主要反应为：

$$Cu + 2NO_3^- + 4H^+ \longrightarrow Cu^{2+} + 2NO_2 + 2H_2O$$

$$3Cu + 2NO_3^- + 8H^+ \longrightarrow 3Cu^{2+} + 2NO + 4H_2O$$

$$NO_2 + NO + 2NH_4^+ \longrightarrow 2N_2 + 2H^+ + 3H_2O$$

$$Cu^{2+} + SO_4^{2-} \longrightarrow CuSO_4$$

温度升高会加快反应，但如果温度过高，反应生成的氮氧化物来不及与 NH_4^+ 反应，会产生大量的“黄烟”污染空气，因此应注意控制反应温度。反应完成后，利用铜盐在水中溶解度的不同，可把 $CuSO_4 \cdot 5H_2O$ 分离出来，母液中还存在 Cu^{2+} 离子，可以向母液中加入焦磷酸钠溶液，生成焦磷酸铜灰蓝色沉淀。

焦磷酸铜在工业上主要用于配制电镀液，该电镀液与氰化物相比无毒性，不会污染环境。

三、仪器与药品

1. 仪器及材料

无机化学实验常用玻璃及其他器皿1套　比色管(25mL)及比色管架　电子天平　循环水式真空泵　布氏漏斗及吸滤瓶　滤纸　废铜丝(或屑)　pH试纸

2. 药品

H_2SO_4(3.0mol/L)　HNO_3(浓，1.0mol/L)　$Na_4P_2O_7$(0.5mol/L)　$NH_4NO_3 \cdot 6H_2O$(固体)

四、实验内容

1. 废铜丝的净化

称取4.5g废铜丝(或屑)，置于100 mL的烧杯中，加入5mL1.0mol/L HNO_3，加热，以洗去铜丝上的污物(不要加热太久，以免铜丝过多的溶解在 HNO_3 中)。用倾析法过滤，并用水洗涤铜丝。

2. $CuSO_4 \cdot 5H_2O$ 的制备

把洗过的铜丝放入烧杯中，加入20mL3.0mol/L H_2SO_4 溶液。称1.0g$NH_4NO_3 \cdot 6H_2O$ 晶体，取其中1/3加入溶液中，盖上表面皿，在通风橱中水浴加热到约60℃左右，当溶液中产生大量气泡时停止加热，否则会产生大量的“黄烟”，待溶液中气泡减少时，将剩余的 $NH_4NO_3 \cdot 6H_2O$ 晶体分两次加入。然后取5mL浓 HNO_3，在反应不太激烈时，分8~9次加入溶液中。当溶液中气泡很少时，停止加热，趁热过滤，滤液收集在烧杯中，冷却后会有晶体析出。用倾析法过滤，将母液收集在烧杯中。晶体吸干水分后称量，计算产率。

3. 焦磷酸铜的制备

向母液中逐滴加入0.5mol/L $Na_4P_2O_7$ 溶液，边加边搅拌，此时有焦磷酸铜沉淀析出，当溶液由深蓝色变为浅蓝色时(pH = 2)，停止滴加。静置沉降后，用倾析法过滤。用少量的去离子水洗涤2～3次，将沉淀连同滤纸放在石棉网上，小火烘干，称量。

五、思考题

(1) NH_4NO_3 晶体和浓 HNO_3 为什么要分次加入？

(2) 利用母液制取 $Cu_2P_2O_7$ 时，如果 $Na_4P_2O_7$ 溶液加入过量，将会发生什么反应？

(3) 由所得 $CuSO_4 \cdot 5H_2O$ 和 $Cu_2P_2O_7$ 质量怎样计算废铜的利用率？

第4章　元素及化合物的性质

4.1　定性化学分析的基本操作

4.1.1　试管反应与定性鉴定的基本操作

1. 试剂的分装与取用方法

在实验准备室中分装化学试剂时，固体试剂一般装在广口瓶中，液体试剂或配成的溶液则盛放在试剂瓶(细口瓶)或带有滴管的滴瓶中。对于见光易分解的试剂(如硝酸银等)则应盛放在棕色瓶内。每个试剂瓶上都贴有标签，上面写明试剂的名称、规格和浓度，必要时要注明配制日期。

取用固体试剂一般用干净的药匙。如果要将固体加入到湿的或口径小的试管中时，可先用一窄纸条做成“小纸舟”，用药匙将固体药品放在纸舟上，然后平持试管，将载有药品的小舟插入试管，让固体慢慢滑入试管底部，如图4－1所示。

试剂取用后，要立即把瓶塞盖好且不要盖错。

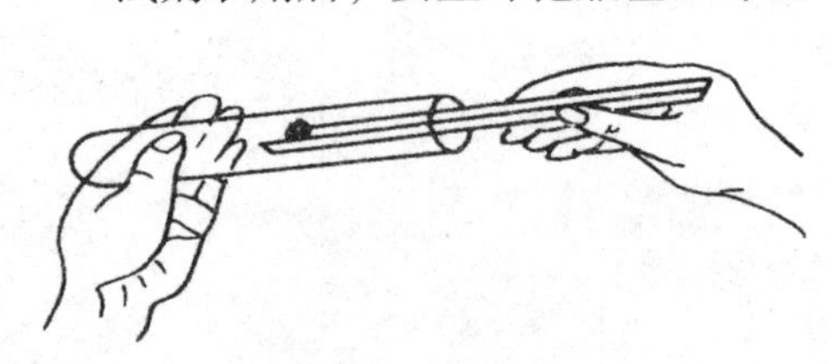

图4－1　用纸舟将固体试剂送入试管底部

当液体试剂的体积必须精确控制时，可以用量筒或移液管等定量移取。如果不需准确量取时，则不必用量器，只要学会估计从瓶中取用所需液体量即可。例如，lmL或2mL溶液大约相当多少滴，或其在试管中所占的容积比例等，这样可以在定性验证实验中快速取用试剂。

2. 点滴板的使用

点滴板是带有凹穴的黑色或白色瓷板。按凹穴的多少分为四穴、六穴、十二穴等。它可以用作同时进行多个不需分离的少量沉淀反应的容器，特别适用于白色或有色沉淀及溶液颜色发生改变的定性点滴反应。具有快捷、方便和节省材料的特点。

使用时，要根据沉淀或溶液的颜色，选择黑、白或透明的点滴板。

3. 试纸的使用

(1)用试纸检验溶液的性质　普通实验中常用石蕊试纸或pH试纸检验水溶液的酸碱性。方法是将一小片试纸放在干净的点滴板或表面皿上，然后用洗净并用去离子水冲洗过的玻璃棒，沾取待检测溶液滴在试纸上，观察其颜色变化。若用pH

试纸检验溶液 pH 值时，可将试纸所呈现的颜色与标准色板比较，即可得到相应的 pH 值。**注意：不能将试纸直接投入被测试液中进行检验。**

(2)用试纸检验气体的生成与性质　对化学反应中产生的气体，常用试纸进行验证和定性。如用石蕊试纸或 pH 试纸检验生成气体的酸碱性；用 KI 淀粉试纸检验 Cl_2 气；用 $KMnO_4$ 试纸或碘化钾－淀粉试纸检验 SO_2 气体，用 $Pb(Ac)_2$ 或 $Pb(NO_3)_2$ 试纸检验 H_2S 气体。

用试纸检验相应气体时，都应事先用去离子水把试纸润湿，把它沾附在干净玻璃棒尖端，或者用手指甲捏住其一个小角，将试纸移至发生气体的容器(如试管)口上方(注意不能接触容器壁)。观察试纸颜色的变化，判断气体的生成及其性质。

在实验中可以快速简便地制备某种试纸，即用碎滤纸片蘸上所需的试剂便可使用。

4. 气室反应

在半微量定性分析实验中，由于反应生成的气体很少，所以采用气室法进行鉴定。

气室是由两块 7～9cm 直径的表面皿合在一起构成的。在气室中进行微量气体鉴定的步骤是：先将一片试纸(或浸过所需试剂的滤纸块)润湿后贴在上面表面皿的凹面上，然后在下面的表面皿中加入反应试液，随即将贴好试纸的表面皿迅速盖合在上面。待反应发生后，观察试纸的变色情况以作判断。如果必要，可将气室放在水浴上加热。

5. 试管及离心管的使用

(1)试管的使用　对于无须分离的少量反应，可在试管中进行，观察反应现象。试管的振荡和搅拌操作都是为了使试管中的反应物充分接触，混合均匀，以便充分反应。

试管振荡的操作方法是用拇指、食指和中指持住试管的中上部，试管略微倾斜，手腕用力左右振荡或用中指轻轻敲打试管。

试管的搅拌操作方法是一手持试管，另一手持玻璃棒插入试管的试液中，并用微力旋转，不要碰试管的内壁而使反应试液搅动。注意不要上下来回搅动，更不要用力过猛，否则会将试管击破。

试管反应也可以加热进行，但必须注意：

①用试管夹夹住试管的中上部。

②加热液体时，试管口稍微向上倾斜，管口不要对着自己或旁人，以防液体喷出将人灼伤。加热时，先加热液体的上中部，再慢慢往下移动，然后不时地摇动试管，以免由于局部过热、蒸气骤然发生将液体喷出管外，或因受热不均使试管炸裂。

③加热固体时，通常要将试管固定在铁架台上加热，试管口稍微向下倾斜，以免凝结在试管口上的水珠流到灼热的试管底，使试管破裂。

(2)离心管的使用　对于需要分离的少量物质反应，可在离心管中进行，观察反应情况。离心管不能直接加热，可水浴上加热。

在离心管中进行沉淀时，用滴管吸取试剂滴入盛有被检测离子试液的离心试管中，每加一滴试剂均应充分振荡。为了检查沉淀是否完全，可将加过试剂的离心管先离心沉降(参看第3章3.3.4.2离心分离法)，然后沿管壁滴加试剂，仔细观察上层清液中有无浑浊现象，如无浑浊，表示沉淀完全。否则须继续滴加试剂，再离心沉降，直到沉淀完全。

经过离心沉降后，离心管的下端为沉淀，上面为溶液，此时可用毛细吸管吸取上层清液注入另一离心管中，使沉淀和溶液分离。注意用毛细吸管吸溶液时，必须在插入溶液之前，捏瘪橡皮乳头，切不可在插入溶液后，捏瘪橡皮乳头，因为这样就会搅浑清液。毛细吸管插入溶液后，应慢慢地放松橡皮乳头，使溶液慢慢吸入管中。必要时重复几次，就可把沉淀和溶液分离。

在离心管中还可以洗涤沉淀。在装有沉淀的离心管中，加入适量去离子水或适宜的电解质溶液，用搅拌棒充分搅动，然后离心分离。洗涤时，每次用相当于沉淀体积2~3倍的洗涤液，通常洗涤1~3次。每次洗涤前，尽可能把溶液除尽。洗涤时，尽量将离心管倾斜，并充分搅动，使沉淀颗粒与大量洗涤液接触。

4.2　常见阳、阴离子的鉴定方法

常见阳离子、阴离子的鉴定方法见表4-1和表4-2。

表4-1　常见阳离子的鉴定方法

离子名称	鉴定试剂	鉴定方法	干扰离子与处理
NH_4^+	NaOH溶液	取少量的试液与NaOH溶液反应，微热，检验放出气体为NH_3	
	Nessler试剂	NH_4^+与Nessler试剂反应生成红棕色沉淀；有干扰时，取少量的试液与NaOH溶液反应，微热	与碱性溶液反应，能生成有颜色沉淀的离子干扰该反应
K^+	$Na_3[Co(NO_2)_6]$	K^+与$Na_3[Co(NO_2)_6]$在中性或稀醋酸介质中反应，生成亮黄色沉淀	水浴加热消除NH_4^+干扰；Fe^{3+}，Co^{2+}，Ni^{2+}和Cu^{2+}等有色离子干扰，加Na_2CO_3使其转变为碳酸盐消除
Na^+	$Zn(Ac)_2\cdot UO_2(Ac)_2$	Na^+与$Zn(Ac)_2\cdot UO_2(Ac)_2$在中性或稀醋酸介质中，反应生成淡黄色晶状沉淀	其他金属离子干扰，加入EDTA掩蔽
Ag^+	稀HCl溶液	Ag^+与稀HCl溶液反应生成白色沉淀，其溶于氨水，加入稀HNO_3后，沉淀又会生成	Pb^{2+}和Hg_2^{2+}干扰，$PbCl_2$溶于热水，Hg_2Cl_2与氨水反应有沉淀生成

续表

离子名称	鉴定试剂	鉴定方法	干扰离子与处理
Mg^{2+}	镁试剂 I(对硝基苯偶氮间苯二酚)	Mg^{2+} 与镁试剂 I 在碱性介质中反应，生成蓝色的螯合物沉淀	在碱性介质中生成深色氢氧化物沉淀的离子产生干扰，加入 EDTA 掩蔽
Ca^{2+}	GBHA(已二醛双缩[2-羟基苯胺])	Ca^{2+} 与 GBHA 在 pH = 12 ~ 12.6 反应生成不溶于 $CHCl_3$ 的红色螯合物沉淀	Ba^{2+}，Sr^{2+} 干扰，加入 $NaCO_3$ 转化为碳酸盐消除；Cd^{2+} 干扰
Sr^{2+}	玫瑰红酸(或焰色反应)	Sr^{2+} 与玫瑰红酸钠在中性介质中反应，生成红棕色沉淀，此沉淀可溶于稀 HCl	Ba^{2+} 干扰，可采取纸上反应来鉴定：纸中间加入少量的 $K_2Cr_2O_7$ 溶液，然后加入试液，此时纸中间生成黄色 $BaCr_2O_7$ 沉淀，Sr^{2+} 扩散到纸边沿，在纸边沿玫瑰红酸钠鉴定
Ba^{2+}	K_2CrO_4 溶液	Ba^{2+} 与 K_2CrO_4 溶液在弱酸性介质中反应，生成黄色沉淀	Ag^+，Hg^{2+}，Pb^{2+} 等干扰，预先用金属锌还原除去
Al^{3+}	铝试剂	Al^{3+} 与铝试剂在 pH = 12 ~ 12.6 反应，生成红色絮状螯合物沉淀，此沉淀可溶于稀 HCl	Bi^{3+}，Fe^{3+}，Cu^{2+}，Cr^{3+}，Ca^{2+} 等干扰。Bi^{3+}，Fe^{3+} 可转化为氢氧化物沉淀除去；Cu^{2+}，Cr^{3+} 与铝试剂螯合物可被氨水分解；Ca^{2+} 与铝试剂螯合物可用 $(NH_4)_2CO_3$ 转化为 $CaCO_3$
Sn^{2+}	$HgCl_2$ 溶液	$HgCl_2$ 溶液与过量 Sn^{2+} 反应生成黑色的沉淀	
Pb^{2+}	K_2CrO_4 溶液	Pb^{2+} 与 K_2CrO_4 溶液在醋酸中反应生成黄色沉淀，此沉淀溶于强碱	Ba^{2+}、Ag^+、Hg^{2+}、Bi^{3+} 等干扰。可先全部转化为硫酸盐，然后溶于强碱，使 $PbSO_4$ 转化为 $[Pb(OH)_4]^{2-}$，与其他沉淀分离，再鉴定
Bi^{3+}	新配制的锡酸纳溶液	Bi^{3+} 与新配制的锡酸纳溶液在碱性介质中反应，有黑色沉淀产生	
Cr^{3+}	H_2O_2 溶液	Cr^{3+} 在碱性介质中被 H_2O_2 溶液氧化为黄色的 CrO_4^{2-} 后，用硝酸酸化，加乙醚和少量的 H_2O_2，震荡，乙醚层呈现蓝色	

续表

离子名称	鉴定试剂	鉴定方法	干扰离子与处理
Mn^{2+}	铋酸钠固体	Mn^{2+}在稀硫酸中被铋酸钠氧化为紫红色的MnO_4^-	还原剂存在时干扰该反应
Fe^{3+}	$K_4[Fe(CN)_6]$溶液或KSCN溶液	在稀酸介质中，Fe^{3+}与$K_4[Fe(CN)_6]$溶液反应生成蓝色沉淀或在稀酸介质中Fe^{3+}与KSCN溶液反应，生成可溶于水的红色离子	
Fe^{2+}	$K_3[Fe(CN)_6]$溶液	在酸性介质中，Fe^{2+}与$K_3[Fe(CN)_6]$反应生成蓝色沉淀	
Co^{2+}	KSCN固体和丙酮	在含有少量丙酮的中性或弱酸性介质中，Co^{2+}与KSCN固体反应后，生成蓝色离子$[Co(SCN)_4]^{2-}$	Fe^{3+}干扰该反应，可用NaF掩蔽
Ni^{2+}	丁二酮肟	用稀氨水碱化后，Ni^{2+}与丁二酮肟反应生成鲜红色螯合物沉淀	大量的Co^{2+}、Fe^{2+}、Fe^{3+}、Cu^{2+}干扰反应，要预先分离
Zn^{2+}	二苯硫腙	强碱性介质中Zn^{2+}与二苯硫腙反应生成粉红色螯合物沉淀	
Cu^{2+}	$K_4[Fe(CN)_6]$溶液	在中性或弱酸性介质中Cu^{2+}与$K_4[Fe(CN)_6]$溶液反应，生成红棕色$Cu_2[Fe(CN)_6]$沉淀	Fe^{3+}干扰该反应，可用NaF掩蔽
Cd^{2+}	S^{2-}	Cd^{2+}与S^{2-}离子反应生成黄色沉淀，沉淀易溶于稀酸中	可通过控制酸度的方法使Cd^{2+}与其他金属离子分离
Hg^{2+}	$CuSO_4$和KI溶液	Hg^{2+}与$CuSO_4$，KI溶液反应生成橙红色$Cu_2[HgI_4]$沉淀	加入Na_2SO_3消除黄色I_2干扰
Hg_2^{2+}	稀HCl，HNO_3及检验Hg^{2+}所用试剂	Hg_2^{2+}与稀HCl反应生成Hg_2Cl_2沉淀。把沉淀溶于稀HCl和HNO_3中生成Hg^{2+}，再检验Hg^{2+}	Pb^{2+}和Ag^+可产生干扰，但$PbCl_2$溶于热水，可以分离。AgCl不溶于稀HCl和HNO_3中也可分离除去

表4－2　常见阴离子的鉴定方法

离子名称	鉴定试剂	鉴定方法	干扰离子与处理
CO_3^{2-}	酸溶液	将试液酸化后产生CO_2	S^{2-}和SO_3^{2-}干扰鉴定。可在酸化前加H_2O_2溶液，使S^{2-}和SO_3^{2-}转化为SO_4^{2-}

续表

离子名称	鉴定试剂	鉴定方法	干扰离子与处理
NO_3^-	$FeSO_4$ 溶液和浓 H_2SO_4	NO_3^- 与 $FeSO_4$ 溶液在浓 H_2SO_4 介质中反应，生成棕色环	Br^-，I^- 及 NO_2^- 干扰鉴定。加稀 H_2SO_4 和 Ag_2SO_4 溶液，使 Br^- 和 I^- 生成沉淀后分离，加尿素并微热，可除去 NO_2^-
NO_2^-	$FeSO_4$ 溶液和 HAc	NO_2^- 与 $FeSO_4$ 溶液在 HAc 介质中反应，生成棕色环	Br^- 和 I^- 干扰鉴定，加 Ag_2SO_4 溶液，使 Br^- 和 I^- 生成沉淀后分离出去
PO_4^{3-}	$(NH_4)_2MoO_4$ 溶液和酸	PO_4^{3-} 与 $(NH_4)_2MoO_4$ 溶液在酸性介质中反应，生成黄色磷钼酸铵沉淀	S^{2-}，SO_3^{2-}，$S_2O_3^{2-}$ 等还原性离子干扰反应，加入 HNO_3 并在水浴上加热，可除去干扰离子
S^{2-}	$Na[Fe(CN)_5NO]$ 溶液	S^{2-} 与 $Na_2[Fe(CN)_5NO]$ 在碱性介质中反应生成紫红色的 $[Fe(CN)_5NOS]^{4-}$	
SO_3^{2-}	$Na_2[Fe(CN)_5NO]$、$K_4[Fe(CN)_6]$ 和 $ZnSO_4$	SO_3^{2-} 与 $Na_2[Fe(CN)_5NO]$，$ZnSO_4$ 和 $K_4[Fe(CN)_6]$ 溶液在中性介质中反应生成红色沉淀	在酸性介质中，红色沉淀消失。用氨水中和后检验。S^{2-} 干扰 SO_3^{2-} 的鉴定，加入 $PbCO_3(s)$ 使 S^{2-} 生成 PbS 沉淀
$S_2O_3^{2-}$	$AgNO_3$ 溶液	$S_2O_3^{2-}$ 与 Ag^+ 反应生成白色沉淀，并迅速分解，颜色由白色变为黄色、棕色，最后变为黑色	S^{2-} 干扰 $S_2O_3^{2-}$ 的鉴定，必须先除掉
SO_4^{2-}	$BaCl_2$ 溶液	SO_4^{2-} 与 $BaCl_2$ 溶液反应生成 $BaSO_4$ 白色沉淀	CO_3^{2-}，SO_3^{2-} 干扰鉴定，可先酸化，以除去这些离子
Cl^-	$AgNO_3$ 溶液	Cl^- 与 $AgNO_3$ 溶液反应生成白色沉淀	SCN^- 的存在干扰 Cl^- 的鉴定，在氨水中 AgSCN 难溶，AgCl 易溶，滤去 AgSCN，酸化后鉴定
I^-	氯水和 CCl_4 或 $CHCl_3$	I^- 在酸性介质中能被氯水氧化为 I_2，I_2 在 CCl_4 或 $CHCl_3$ 中显紫红色，氯水过量颜色消失	
Br^-	氯水和 CCl_4 或 $CHCl_3$	Br^- 与适量的氯水反应游离出 Br_2，溶液显红色。加 CCl_4 或 $CHCl_3$ 有机相显红棕色，水相无色；氯水过量，则生成淡黄色 BrCl	I^- 存在干扰 Br^- 鉴定，I^- 先与氯水反应生成 I_2，在有机相显紫红色

实验七　电解质在水溶液中的离子平衡

一、实验目的

(1)加深理解弱电解质及离子酸(碱)解离平衡的特点和移动规律。

(2)学习缓冲溶液的配制并验证其缓冲作用。

(3)理解沉淀平衡的特点及移动规律，掌握溶度积规则的应用。

(4)熟练电动离心机的使用技术以及 pH 试纸使用方法。

二、实验原理

1. 一元或多元分子酸(碱)的解离平衡

解离平衡是质子传递过程。例如，一元弱酸在水中的解离反应为

$$HA + H_2O \rightleftharpoons A^- + H_3O^+ \qquad K_a^\ominus(HA) = \frac{c(H_3O^+)/c^\ominus \cdot c(A^-)/c^\ominus}{c(HA)/c^\ominus}$$

多元弱酸(碱)是分级解离，如硫化氢水溶液的解离平衡分两步

$$H_2S + H_2O \rightleftharpoons HS^- + H_3O^+ \qquad K_{a_1}^\ominus(H_2SA) = \frac{c(H_3O^+)/c^\ominus \cdot c(HS^-)/c^\ominus}{c(H_2S)/c^\ominus}$$

$$HS^- + H_2O \rightleftharpoons S^{2-} + H_3O^+ \qquad K_{a_2}^\ominus(H_2S) = \frac{c(H_3O^+)/c^\ominus \cdot c(S^{2-})/c^\ominus}{c(HS^-)/c^\ominus}$$

2. 离子酸(碱)的解离平衡

离子酸(碱)与水也发生质子传递反应，即离子酸(碱)水溶液存在解离平衡。如

$$Ac^- + H_2O \rightleftharpoons HAc + OH^- \qquad K^\ominus(Ac^-) = \frac{c(HAc)/c^\ominus \cdot c(OH^-)/c^\ominus}{c(Ac^-)/c^\ominus}$$

$$NH_4^+ + H_2O \rightleftharpoons NH_3 + H_3O^+ \qquad K^\ominus(NH_4^+) = \frac{c(H_3O^+)/c^\ominus \cdot c(NH_3)/c^\ominus}{c(NH_4^+)/c^\ominus}$$

这正是离子酸(碱)在水中发生 pH 改变的原因。有些离子酸(碱)与水反应后，不仅改变了溶液的 pH 值，而且还可能产生气体或沉淀。如 $BiCl_3$ 固体溶于水时就能产生 BiOCl 白色沉淀，同时使溶液的酸性增强。

$$Bi^{3+} + Cl^- + H_2O \rightleftharpoons BiOCl + 2H^+$$

有些离子酸与离子碱相互混合时，会加剧质子传递反应的发生。如 NH_4Cl 溶液与 Na_2CO_3 溶液混合，$Al_2(SO_4)_3$ 溶液与 Na_2CO_3 溶液混合时发生的反应为

$$NH_4^+ + CO_3^{2-} + H_2O \rightleftharpoons NH_3 \cdot H_2O + HCO_3^-$$

$$2Al^{3+} + 3CO_3^{2-} + 3H_2O \rightleftharpoons 2Al(OH)_3 + 3CO_2$$

3. 酸、碱解离平衡的移动

弱酸或弱碱的解离平衡都是暂时的和有条件的，条件改变可使解离平衡发生

移动。

根据化学平衡原理可知

$$J\begin{Bmatrix} < \\ = \\ > \end{Bmatrix}K^{\ominus}\begin{cases}\text{反应正向进行，酸或碱解离} \\ \text{平衡状态} \\ \text{反应逆向进行，酸或碱生成}\end{cases}$$

显然，若增加某解离产物的浓度，则 $J > K^{\ominus}$，平衡向着生成酸或碱的方向移动，即酸或碱解离度减小，这被称为同离子效应，即在弱电解质溶液中，加入含有相同离子的强电解质，可使弱电解质的解离度降低的现象。利用同离子效应可制备缓冲溶液。

由弱酸及其共轭碱（如 HAc 和 NaAc）或弱碱及其共轭酸（如 NH_3H_2O 和 NH_4Cl）所组成的溶液，能够抵抗外加的少量酸、碱或稀释作用，维持溶液的 pH 值基本不变，这种溶液称缓冲溶液。

若减小某解离产物的浓度，则 $J < K^{\ominus}$，平衡向着酸或碱解离的方向移动。减小解离产物的浓度的方法有形成难溶的电解质、气体以及更难解离的酸、碱和配离子。

若改变温度也可使平衡发生移动。

4. 难溶电解质的多相解离平衡及移动

难溶电解质在水溶液中的生成－溶解平衡

$$A_mB_n(s) \underset{\text{生成}}{\overset{\text{溶解}}{\rightleftharpoons}} mA^{n+}(aq) + nB^{m-}(aq)$$

溶度积（$K_{sp}^{\ominus}$）是指在一定温度下难溶电解质达溶解平衡时，各离子相对浓度（以其化学计量数为幂）的乘积，其实质上是难溶电解质多相解离平衡的平衡常数。离子积（J）是指在一定温度下难溶电解质任意浓度时，各离子相对浓度（以其化学计量数为幂）的乘积。根据化学平衡原理，则

$$J\begin{Bmatrix} < \\ = \\ > \end{Bmatrix}K_{sp}^{\ominus}\begin{cases}\text{沉淀溶解或无沉淀析出} \\ \text{平衡状态（饱和溶液）} \\ \text{沉淀生成}\end{cases}$$

此规律称为溶度积规则。利用溶度积规则可以判断沉淀的生成与溶解。加入适当过量的沉淀剂可使沉淀更完全，也可以通过加酸、氧化剂和配位剂使沉淀溶解。在一定的条件下还可将一种难溶物转化为另一种难溶物。

三、仪器与药品

1. 仪器及材料

无机化学实验常用玻璃及其他器皿 1 套（见实验二中表 2－7）　　电动离心机

2. 药品

HCl（0.1，2.0mol/L）　　HAc（0.1，1.0mol/L）　　Na_2S（0.1mol/L）

$NH_3 \cdot H_2O$（0.1，2.0mol/L）　　NaOH（0.1，2.0mol/L）　　NaAc（0.1，1.0mol/L）

NH_4Ac (0.1mol/L)　　NH_4Cl (0.1mol/L 、饱和溶液)　　Na_2CO_3(0.5mol/L)
$FeCl_3$(0.1mol/L)　　$AgNO_3$(0.1mol/L)　　$Zn(NO_3)_2$(0.1mol/L)
K_2CrO_4(0.1mol/L)　　NaCl (0.1mol/L)　　$Pb(NO_3)_2$(0.1mol/L)
$Cu(NO_3)_2$(0.1mol/L)　　KSCN (0.1mol/L)　　$Al_2(SO_4)_3$(0.5mol/L)
H_2O_2(5%) pH 试纸　　甲基橙指示剂　　酚酞指示剂

四、实验内容

1. 酸、碱溶液 pH 值的测定

下列溶液的浓度均为 0.1mol/L，用 pH 试纸测定溶液的 pH 值，将实验结果按溶液 pH 值由小到大排列，并与计算值比较。

HAc　　HCl　　$NH_3 \cdot H_2O$　　NaOH　　NaAc　　NH_4Cl

2. 缓冲溶液的配制与性质验证

(1)缓冲溶液的配制。用量筒尽可能准确地量取 5mL1.0mol/L HAc 溶液和 5mL1.0mol/L NaAc 溶液，倒入小烧杯中，搅拌均匀后，测定该溶液的 pH 值，并与计算值比较。

(2)缓冲溶液性质验证。取上述缓冲溶液各 1mL 放入两个试管中，分别加入 3 滴 0.1mol/L HCl 和 NaOH 溶液，摇均匀后，测定其 pH 值，并与缓冲溶液的 pH 值比较。用去离子水代替缓冲溶液重复实验，并比较所测得的 pH 值。

3. 酸、碱解离平衡的移动

(1)同离子效应。往试管中加入约 2mL 0.1mol/L 氨水溶液，再加一滴酚酞指示剂，摇均匀后，观察溶液的颜色。然后将此平均分为两份，其中一份中加入少量饱和 NH_4Cl 溶液，另一支中加入相同体积的去离子水，摇均匀后，比较这两支试管中溶液的颜色有何不同，解释之。

(2)生成难溶电解质。往试管中加入 1mL 去离子水，5 滴 0.1mol/L Na_2S 溶液和 1 滴酚酞指示剂，观察溶液的颜色。然后将溶液分成两份，一份保留作对比，另一份中滴加数滴 0.1mol/L $AgNO_3$ 溶液，观察颜色有何变化？简要地说明颜色变化的原因(若实验现象不明显，离心分离后观察)。

(3)生成气体和难溶电解质。在两支试管中，分别加入 1mL0.5mol/L $Al_2(SO_4)_3$ 和 Na_2CO_3 溶液，用 pH 试纸测定其 pH 值。然后将这两种溶液混合，有何现象发生？请解释之。

总结上述实验可得到怎样的结论。

4. 难溶电解质的多相解离平衡及移动

(1)沉淀的生成与同离子效应。在两支离心试管中，分别加入 5 滴 0.1mol/L $FeCl_3$ 溶液。然后，在其中一支中加入 2 滴 2.0mol/L NaOH 溶液，另一支中加入8 ~ 10 滴 2.0mol/L NaOH 溶液，摇均匀，离心沉降后，分别吸出上层的清液，并往溶液中各加入 2 滴 0.1mol/L KSCN 溶液，观察溶液颜色有何不同？为什么？

(2)沉淀溶解。利用实验室提供的试剂，自行设计，制备难溶 ZnS 和 $Cu(OH)_2$，离心沉降后观察沉淀的颜色，并吸取上层大部分清液，保留沉淀做下面的实验。试验沉淀的溶解时，沉淀量应尽可能少，这样有利于观察实验结果。

往盛有沉淀的试管中，逐滴加入2mol/L HCl溶液，摇荡试管，观察沉淀的溶解及溶液的颜色并解释之。

往盛有沉淀的试管中，逐滴加入2mol/L 氨水，摇荡试管，观察沉淀的溶解和溶液的颜色变化。

(3)沉淀的转化。往一支试管中加入5滴0.1mol/L $AgNO_3$溶液和5滴0.1mol/L K_2CrO_4溶液，摇均匀后观察沉淀的颜色。然后再往试管中逐滴加入0.1mol/L NaCl溶液，边加边振动，直到砖红色沉淀消失，白色沉淀生成为止。解释观察到的现象。

往离心管中加入10滴0.1mol/L $Pb(NO_3)_2$溶液和10滴0.1mol/L Na_2S溶液，摇均匀，离心分离后，吸出上层清液，观察沉淀的颜色。然后，向沉淀中加入5% H_2O_2溶液，并不断地振荡，观察沉淀的颜色变化，解释之。

(4)分步沉淀。往一支试管中加入3滴0.1mol/L $AgNO_3$溶液和3滴0.1mol/L $Pb(NO_3)_2$溶液，再加2mL去离子水稀释，摇均匀后，逐滴加入0.1mol/L K_2CrO_4溶液，并不断地振荡试管，观察沉淀的颜色。继续滴加入0.1mol/L K_2CrO_4溶液，沉淀的颜色有何变化？根据沉淀的颜色变化判断哪一种难溶物先沉淀，为什么？**注意：每加1滴 K_2CrO_4 溶液后，都要充分振荡**

往一支离心管中加入5滴0.1mol/L Na_2S溶液和5滴0.1mol/L K_2CrO_4溶液，再加2mL去离子水稀释，摇均匀后，加入5滴0.1mol/L $Pb(NO_3)_2$溶液，充分振荡试管，离心沉降，观察沉淀的颜色。往上层澄清液中加入1滴0.1mol/L $Pb(NO_3)_2$溶液，观察沉淀的颜色，继续滴加入0.1mol/L $Pb(NO_3)_2$溶液，沉淀的颜色有何变化？指出两种沉淀物质各是什么物质？

五、思考题

(1)同离子效应对弱酸、弱碱的解离度及难溶物的溶解度各有何影响？联系实验说明之。

(2)缓冲溶液的组成有何特征？为什么它具有控制溶液pH值的功能？

(3)比较$K_{sp}^{\ominus}(Ag_2CrO_4)$和$K_{sp}^{\ominus}(AgCl)$数值大小，为何在相同浓度的$Cl^-$和$CrO_4^{2-}$混合溶液中，逐滴加入0.1mol/L $AgNO_3$溶液，先生成白色AgCl沉淀、后生成砖红色Ag_2CrO_4？

(4)总结沉淀的生成、溶解及转化的方法。

实验八　配位化合物的生成与性质

一、实验目的

(1)加深理解配位化合物生成与组成，配位个体与简单离子、配位化合物与复盐的区别。

(2)从配位个体的解离平衡及其移动，认识 K_d(配离子的解离常数)和 K_f(配离子的生成常数)意义，加深理解配位平衡与酸－碱平衡、沉淀－溶解平衡、氧化－还原平衡之间的关系。

(3)初步了解螯合物的形成与特征。

二、实验原理

1. 配位个体与配合物的形成

由形成体结合一定数目的配体所形成的结构单元，称为配位个体，也称配离子，如$[Cu(NH_3)_4]^{2+}$，$[Ni(CO)_4]$等。含有配位个体的化合物称为配位化合物。形成体一般为一些具有空轨道的带正电荷的离子或过渡金属原子；配体一般为一些具有孤对电子的负离子或中性分子。形成体与配体之间以配位键结合。当然，也有一些特殊组成的配位化合物。

含有配位个体的配合物与含有简单离子的复盐是有区别的。如 $NH_4Fe(SO_4)_2$ 是复盐，在水溶液中是以离子 NH_4^+，Fe^{3+}，SO_4^{2-} 形式存在，而配合物$(NH_4)_3[Fe(C_2O_4)_3]$(绿色或亮绿色)，在水中是以配位个体$[Fe(C_2O_4)_3]^{3-}$和离子 NH_4^+ 形式存在。Fe^{3+} 与$[Fe(C_2O_4)_3]^{3-}$性质有很大的不同，可通过一些反应加以说明。

配合物形成或参与化学反应时会表现出颜色、溶解性、酸碱性、氧化还原性等改变。通过本实验可以验证其中的一些性质变化。

2. 配位个体的解离平衡及其移动

配位个体(即：配离子)在水溶液中存在解离－配合平衡。$K_d^\ominus$ 称为配离子的解离常数，$K_f^\ominus$ 为配离子的生成常数。如：

$$[Cu(NH_3)_4]^{2+} \underset{配合}{\overset{解离}{\rightleftharpoons}} Cu^{2+}(aq) + 4NH_3(aq)$$

$K_d^\ominus$ 是配离子不稳定性的量度，对相同配位数的配离子来说，$K_d^\ominus$ 越大，表示配离子越容易解离；$K_f^\ominus$ 是配离子稳定性的量度，对相同配位数的配离子来说，$K_f^\ominus$ 越大，表示配离子越稳定。$K_d^\ominus$ 与 $K_f^\ominus$ 互为倒数关系。

解离－配合平衡是有条件的动态平衡。在相互关联的配离子与简单离子之间、配离子与沉淀物之间、酸碱与配离子之间、氧化剂或还原剂与配离子之间，在一定条件下都可以相互转化。配位反应也可用于分离和鉴定某些离子。

3. 螯合物的形成

螯合物是指由中心离子和多齿配体结合而成的具有环状结构的配合物。螯合物的环称为螯环，它的形成使螯合物具有特殊的颜色，而且其大小和多少决定螯合物的稳定性。很多螯合物难溶于水，易溶于有机溶剂。

三、仪器与药品

1. 仪器及材料

无机化学实验常用玻璃及其他器皿1套（见实验二中表2－7）　电动离心机

2. 药品

H_2SO_4（浓，1:1，1.0，2.0mol/L）　$NH_3 \cdot H_2O$（2.0，6.0mol/L）

NaOH（0.1，2.0mol/L）　$BaCl_2$（1.0mol/L）　$FeCl_3$（0.1mol/L）

$CuSO_4$（0.1mol/L）　$K_3[Fe(CN)_6]$（0.1mol/L）　$Pb(NO_3)_2$（0.1mol/L）

$NH_4Fe(SO_4)_2$（0.1mol/L）　KSCN（0.1mol/L）　Na_2S（0.1mol/L）

NaCl（0.1mol/L）　NaF（0.1mol/L）　$Na_2S_2O_3$（1.0mol/L）

$AgNO_3$（0.1mol/L）　KBr（0.1mol/L）　$NiSO_4$（0.1mol/L）

KI（0.1mol/L，2.0mol/L）　$MgSO_4$（0.1mol/L）　EDTA溶液（0.01mol/L）

NH_3-NH_4Cl缓冲溶液）　铬黑T溶液（0.05%）　丁二肟（1%）

四氯化碳　乙醇（95%）

四、实验内容

1. 配合物的生成和组成

（1）简单离子的鉴定。在两支试管中各加入5滴0.1mol/L $CuSO_4$溶液，然后分别加入2滴1.0mol/L $BaCl_2$和2.0mol/L NaOH溶液，观察现象。

（2）配离子的生成与鉴定。取10滴0.1mol/L $CuSO_4$溶液，加入6.0mol/L氨水至生成深蓝色溶液。然后将溶液分为两份盛放在两个试管中，向一支试管中加入2滴1.0mol/L $BaCl_2$溶液，另一支试管中加入2.0mol/L NaOH溶液，观察是否都有沉淀生成。

根据上面实验的结果，说明$CuSO_4$和NH_3所形成的配位化合物的组成。

2. 配合物与复盐及简单盐的区别

在三支试管中分别加入10滴0.1mol/L $FeCl_3$溶液、0.1mol/L $NH_4Fe(SO_4)_2$溶液和0.1mol/L $K_3[Fe(CN)_6]$溶液，然后各加入2滴0.1mol/L KSCN溶液。观察溶液颜色，解释现象。

3. 配离子的解离平衡及其移动

（1）配离子的解离。取15滴0.1mol/L $CuSO_4$溶液，加入6.0mol/L氨水至生成深蓝色溶液。然后将溶液分为三份盛放在三个试管，分别加入2滴0.1mol/L Na_2S溶液、0.1mol/L NaOH溶液和2.0mol/L H_2SO_4溶液，观察每个试管中的现象，加以解释。

(2) 配离子之间的相互转化。在试管中加入2滴0.1mol/L $FeCl_3$ 溶液、加水稀释到溶液几乎无色，加2滴0.1mol/L KSCN溶液，观察现象。在不断摇动下向这个溶液中加入数滴0.1mol/L NaF溶液，观察溶液颜色的变化，加以解释。

(3) 配位平衡与沉淀溶解平衡。在一支试管中加入5滴0.1mol/L $AgNO_3$ 溶液，依次进行下面实验系列操作：

A. 滴加5滴0.1mol/L NaCl溶液至生成白色沉淀；

B. 滴加数滴6.0mol/L 氨水至白色沉淀刚好溶解；

C. 滴加2滴0.1mol/L KBr溶液至生成浅黄色沉淀；

D. 滴加数滴1.0mol/L $Na_2S_2O_3$ 溶液至浅黄色沉淀溶解；

E. 滴加数滴0.1mol/L KI溶液至生成黄色沉淀；

F. 滴加数滴0.1mol/L Na_2S 溶液至生成黑色沉淀；

通过上述系列实验，认识配离子与难溶电解质之间的相互转化条件。

(4)配位平衡与氧化还原平衡。在两支试管中各加入5滴0.1mol/L $FeCl_3$ 溶液，其中一支中再加少量的0.1mol/L NaF溶液。然后在每支试管中加10滴 CCl_4，再滴加0.1mol/L KI溶液，震荡试管，观察每支试管中 CCl_4 层颜色。写出有关反应方程式。

4. 配合物的简单制备

(1) $[Cu(NH_3)_4]SO_4 \cdot H_2O$ 的生成。取5mL0.1mol/L $CuSO_4$ 溶液于小烧杯中，在不断搅拌下滴加数滴6.0mol/L 氨水，直到最初生成的碱式盐 $Cu_2(OH)_2SO_4$ 沉淀又溶解为止。然后搅拌下加入约3mL 95%的乙醇。由于 $[Cu(NH_3)_4]SO_4 \cdot H_2O$ 在乙醇中的溶解度较小，此时晶体就会缓慢地析出。仔细地观察晶体析出过程。静置片刻后，将制得的晶体过滤，再用少量的乙醇洗涤晶体两次。观察晶体的颜色，写出有关反应方程式。

(2) $K_2[PbI_4]$ 的生成。在试管中加入3滴0.1mol/L $Pb(NO_3)_2$ 溶液后，逐滴加入0.1mol/L KI溶液，观察生成沉淀的颜色，指出该化合物是什么？取出上层的清液，往沉淀中滴加2.0mol/L KI溶液，观察沉淀是否溶解，为什么？然后用去离子水稀释该溶液，观察沉淀是否又生成，解释现象，写出有关反应方程式。

5. 螯合物的形成与离子的鉴定

(1) Mg^{2+} 离子的鉴定。在试管中加入0.5mL去离子水，5滴0.1mol/L $MgSO_4$ 溶液和1mL NH_3-NH_4Cl 缓冲溶液，再加入1滴0.05%铬黑T溶液，观察溶液的颜色。然后在不断摇动下滴加0.05mol/L的EDTA溶液，观察溶液的颜色变化，解释现象。

(2) Ni^{2+} 离子的鉴定。在试管中加入2滴0.1mol/L $NiSO_4$ 溶液，2滴2.0mol/L 氨水，再加1滴1%的丁二肟，观察沉淀的颜色。

五、思考题

(1)配合物与复盐有何区别？怎样通过实验来证明？

(2)根据实验八中的观察到的现象，总结影响配位离子解离的因素。

实验九　钠、钾、镁、钙的性质

一、实验目的

(1) 了解碱金属和碱土金属元素单质及化合物的性质。

(2) 观察焰色反应并掌握这种实验方法。

二、实验原理

碱金属、碱土金属单质密度较小，性质非常活泼，在空气中很不稳定，因此需将它们浸在煤油或石蜡中保存。碱金属、碱土金属在空气中都可燃烧。钾、钠在空气中燃烧分别生成过氧化物和超氧化物。过氧化物溶于水生成氢氧化钠和过氧化氢，超氧化物溶于水生成氢氧化钠、过氧化氢并放出氧气，它们都是强的氧化剂。碱土金属在空气中燃烧生成正常氧化物和过氧化物，这些过氧化物遇水后，可生成氢氧化物并放出氧气。

碱金属、碱土金属单质(除铍外)都能与水发生反应生成氢氧化物同时放出氢气。反应的激烈程度随金属性的增强而加剧，实验时一定要注意安全。钠、钾与皮肤上的湿气可发生作用放出大量的热量，从而烧伤皮肤，因此实验时应防止它们与皮肤接触。

碱金属的盐一般都易溶于水，仅有少数难溶于水，一类是锂的弱酸盐如 LiF、Li_2CO_3、Li_3PO_4 等；另一类是钾、铷与较大的阴离子形成的盐，如 $K_2[PtCl_6]$、$K_3[Co(NO_2)_6]$等。碱土金属的盐类中，除卤化物和硝酸盐外，多数盐的溶解度较小。铍盐中多数易溶于水，但铍盐都有毒，实验时一定要小心。

碱金属和碱土金属盐类的焰色反应特征颜色分别为：锂是红色，钠是黄色，钙是橙色，钾是紫色，锶是深红色，钡是黄绿色。

三、仪器与药品

1. 仪器及材料

无机化学实验常用玻璃及其他器皿 1 套(见实验二中表 2-7)

滤纸　　　砂纸　　　镍铬丝

2. 药品

HCl(2.0, 6.0mol/L，浓)	HAc (6.0 mol/L)	NaOH (2.0mol/L)
LiCl(1.0 mol/L)	$(NH_4)_2C_2O_4$(饱和溶液)	Na_2CO_3(0.5mol/L)
NaF(0.5 mol/L)	K_2CrO_4(0.5 mol/L)	NaCl (1.0mol/L)
KCl(1.0mol/L)	$MgCl_2$(1.0 mol/L)	$CaCl_2$(1.0 mol/L)
$BaCl_2$(1.0 mol/L)	$K[Sb(OH)_6]$ (饱和溶液)	$NaHC_4H_4O_6$(饱和溶液)
醋酸铀锌	pH 试纸	

四、实验内容

1. 金属在空气中燃烧

(1)金属钠与氧的作用。用镊子从煤油中夹取一小块金属钠，用滤纸把表面煤油吸干，用小刀削出新鲜表面，立即放入干燥的蒸发皿中微热。当钠开始燃烧时，停止加热。观察反应情况和产物颜色、状态。然后把产物立即转移到试管中，加入少量的去离子水，摇均匀后，检验是否有氧气放出和水溶液的酸碱性。

(2)金属镁燃烧。取一小段镁条，用砂纸擦去表面的氧化膜，点燃，观察燃烧现象和产物的颜色及状态。

总结上述反应，写出反应方程式。

2. 金属与水反应

(1)金属钠、钾与水的反应。分别取绿豆大小的一块金属钠、钾，用滤纸吸干表面的煤油，各放入一盛有水的小烧杯中，观察反应的情况，检验反应后水溶液的酸碱性，比较两实验的异同。为了安全，当钾块放入水中后，立即用漏斗盖上烧杯。

(2)钠汞齐的生成及其与水的作用。用滴管取一滴汞放入坩埚中，用滤纸吸干水分。另取一小块金属钠用滤纸吸干煤油，放在汞滴上，然后用玻棒研压，观察反应现象和产物颜色、状态。然后加入少量水，观察现象。检验反应后水溶液的酸碱性，比较金属钠和钠汞齐与水反应的异同。

(3)金属镁与水的作用。取一小段镁条，用砂纸擦去表面的氧化膜，放入试管中与冷水作用，观察现象。用水浴加热，有何变化？检验水溶液的酸碱性。

总结上述反应，写出反应方程式。

3. 碱金属的微溶盐

(1)微溶性锂盐的生成。在两支试管中各加入 10 滴 1.0 mol/L LiCl 溶液，然后分别加入 10 滴 1.0 mol/L NaF 和 10 滴 1.0 mol/L Na_2CO_3 溶液，观察产物的颜色和状态。

(2)微溶性钠盐的生成。取 1mL 1.0 mol/L NaCl 溶液，加入 1 滴 6.0 mol/L HAc 和 1 滴醋酸铀锌试剂，6 滴乙醇，摇均匀，生成柠檬黄色的沉淀，表示有钠离子存在。

再取 1mL1.0mol/L NaCl 溶液与等体积的六氢氧基合锑(V)酸钾溶液混合，静置，若无晶体析出，可用玻棒磨擦试管内壁，观察产物的颜色和状态。

(3)微溶性钾盐的生成。取 1mL1.0mol/L KCl 溶液与等体积的饱和的酒石酸氢钾溶液混合，放置数分钟，若无晶体析出，可用玻棒磨擦试管的内壁，观察产物的颜色和状态。

4. 碱土金属的难溶盐

(1)硫酸盐。在三支试管中分别加入 5 滴 1.0mol/L $MgCl_2$，1.0mol/L $CaCl_2$，1.0mol/L $BaCl_2$ 溶液，再各加入 5 滴 1.0mol/L Na_2SO_4 溶液，观察产物的颜色和状态。分别试验沉淀与浓盐酸作用。由实验结果比较 $MgSO_4$，$CaSO_4$，$BaSO_4$ 溶解度

的大小。

(2)碳酸盐。在三支试管中分别加入5滴1.0mol/L $MgCl_2$，$CaCl_2$，$BaCl_2$ 溶液，再各加入5滴1.0mol/L Na_2CO_3 溶液，观察产物的颜色和状态。分别试验沉淀与醋酸的作用。

(3)铬酸盐。在三支试管中分别加入5滴1.0mol/L $MgCl_2$，$CaCl_2$，$BaCl_2$ 溶液，再各加入5滴1.0mol/L K_2CrO_4 溶液，观察现象。分别试验沉淀与醋酸和6mol/L盐酸的作用。由实验结果比较 $MgCrO_4$，$CaCrO_4$，$BaCrO_4$ 溶解度的大小。

(4)草酸盐。在三支试管中分别加入5滴1.0mol/L $MgCl_2$，$CaCl_2$，$BaCl_2$ 溶液，再各加入饱和 $(NH_4)_2C_2O_4$ 溶液，观察现象。分别试验沉淀与醋酸和2.0mol/L盐酸的作用。由实验结果比较 MgC_2O_4，CaC_2O_4，BaC_2O_4 溶解度的大小。

5. 焰色反应

将镍铬丝顶端小圆环蘸上浓盐酸，在氧化焰中烧至接近无色，然后蘸1.0mol/L LiCl溶液，在氧化焰中所烧，观察火焰的颜色。用同样的方法试验1.0mol/L NaCl，KCl，$CaCl_2$，$BaCl_2$ 溶液，观察其火焰的颜色。

五、思考题

(1)焰色反应是金属离子产生的还是非金属离子产生的？为什么？

(2)碱金属和碱土金属单质一般存放在煤油中，这样保存有何好处？为什么？

实验十　碳、硅、锡和铅的化合物性质

一、实验目的

(1)掌握碳酸盐与碳酸氢盐水溶液的酸、碱性及热稳定性，了解金属离子与 CO_3^{2-} 反应生成三种不同形式的沉淀。

(2)掌握硅酸钠溶液的酸碱性，了解硅酸凝胶的形成条件，观察各种难溶硅酸盐的颜色。

(3)掌握锡、铅的氢氧化物的酸碱性，锡(Ⅱ)的还原性、铅(Ⅳ)氧化性及铅盐的难溶性。

二、实验原理

1. 碳酸及碳酸盐

碳酸是二元弱酸，能形成两种类型的盐：正盐(碳酸盐)和酸式盐(碳酸氢盐)。Na_2CO_3 和 $NaHCO_3$ 是最常用的碳酸盐和碳酸氢盐，易溶于水，其水溶液呈碱性。

根据酸碱质子理论，CO_3^{2-} 离子碱，与金属离子反应时，可产生三种不同的沉淀形式：

若金属离子氢氧化物的溶解度小于相应的碳酸盐的溶解度[如Al(Ⅲ)、Fe(Ⅲ)、

Cr(Ⅲ)等离子]，则生成氢氧化物沉淀；

$$2Fe^{3+} + 3CO_3^{2-} + 3H_2O \longrightarrow 2Fe(OH)_3 + 3CO_2$$

$$2Al^{3+} + 3CO_3^{2-} + 3H_2O \longrightarrow 2Al(OH)_3 + 3CO_2$$

若金属离子氢氧化物的溶解度与相应的碳酸盐的溶解度相差不大[如Bi(Ⅲ)、Cu(Ⅱ)、Mg(Ⅱ)、Pb(Ⅱ)等离子]，则生成碱式碳酸盐沉淀；

$$2Cu^{2+} + 2CO_3^{2-} + H_2O \longrightarrow Cu_2(OH)_2CO_3 + CO_2$$

若金属离子氢氧化物的溶解度大于相应的碳酸盐的溶解度[如Ca(Ⅱ)、Ba(Ⅱ)、Ag(Ⅰ)等离子]，则生成碳酸盐沉淀；

$$Ca^{2+} + CO_3^{2-} \longrightarrow CaCO_3$$

除铵盐和碱金属(锂除外)碳酸盐外，多数碳酸盐难溶于水；大多数酸式碳酸盐易溶于水。对难溶的碳酸盐来说，其相应的酸式盐比正盐的溶解度大；对易溶的碳酸盐来说，其相应的酸式盐溶解度却相对小于正盐的溶解度。

碳酸盐的热稳定性的一般规律为：碱金属盐＞碱土金属盐＞过渡金属盐＞铵盐；碳酸盐＞碳酸氢盐＞碳酸。

2. 硅酸和硅酸盐

硅酸是二元弱酸，其组成随形成时条件而异，常以最简式 H_2SiO_3 表示。向可溶性的硅酸盐中滴加盐酸并微热放置，可生成硅酸凝胶。硅酸凝胶为多硅酸，其含水量高，软而透明且有弹性。如果将硅酸凝胶中大部分水脱去，则得到硅酸干胶。

硅胶是一种透明的白色固体，内部有很多微小的孔隙，内表面积很大(每克硅胶内表面可达800~900m²)，因而硅胶的吸附性很强，可作吸附剂、干燥剂、催化剂的载体。实验室常用的变色硅胶内含有氯化钴，无水时 $CoCl_2$ 呈蓝色，含水时 $[Co(H_2O)_6]^{2+}$ 呈粉红色，氯化钴颜色变化，可显示硅胶的吸水情况。

硅酸盐中仅碱金属的硅酸盐可溶于水，重金属硅酸盐难溶于水，并具有特征的颜色。因此，在20%的 Na_2SiO_3 溶液中，分别加入颜色不同的可溶性重金属盐固体，静置几分钟后，可以看到各种颜色的重金属盐犹如树、草一样地不断生长，形成美丽的水中花园。

3. 锡、铅的性质

锡、铅的氧化物和氢氧化物都具有两性，高氧化态以酸性为主，低氧化态以碱性为主，同一氧化态的随中心离子半经的增大，碱性增强。

氧化值为+2的锡是强的还原剂，能将汞盐还原白色的亚汞盐。若 Sn^{2+} 过量时，可还原为单质汞。

$$SnCl_2 + HgCl_2 \longrightarrow SnCl_4 + Hg_2Cl_2$$

$$SnCl_2 + Hg_2Cl_2 \longrightarrow SnCl_4 + Hg$$

氧化值为+4的铅是强的氧化剂，在强酸性介质中，可将 Mn^{2+} 离子氧化为 MnO_4^-。

$$5PbO_2 + 2Mn^{2+} + 4H^+ \longrightarrow 2MnO_4^- + 5Pb^{2+} + 2H_2O$$

铅盐中除 $Pb(NO_3)_2$ 和 $Pb(Ac)_2$ 易溶于水外，大多数的铅盐难溶于水，如：$PbCl_2$ 和 $PbSO_4$ 是白色的，$PbCrO_4$ 是黄色的，PbI_2 是金黄色的，PbS 是黑色的。$PbCl_2$ 和 PbI_2 虽在冷水中溶解度很小，但可溶于沸水中，也能分别溶于浓 HCl 和 KI 溶液中。

$$PbCl_2 + 2HCl(浓) \longrightarrow H_2[PbCl_4]$$

$$PbI_2 + 2KI \longrightarrow K_2[PbI_4]$$

$PbSO_4$ 难溶于水，但可溶于浓 H_2SO_4 和饱和的 NH_4Ac 溶液中。

$$PbSO_4 + H_2SO_4(浓) \longrightarrow Pb(HSO_4)_2$$

$$PbSO_4 + 2NH_4Ac \longrightarrow Pb(Ac)_2 + (NH_4)_2SO_4$$

三、仪器与药品

1. 仪器及材料

无机化学实验常用玻璃及其他器皿1套

2. 药品

HCl(2.0，6.0mol/L)	H_2SO_4(2.0mol/L)	NaOH（1.0，2.0mol/L）
Na_2CO_3(mol/L)	$NaHCO_3$(mol/L)	$Al_2(SO_4)_3$(mol/L)
K_2CrO_4(0.1mol/L)	$AgNO_3$(0.1mol/L)	Na_2S（0.1mol/L）
Na_2SiO_3(0.1mol/L)	KI（0.1mol/L）	$Pb(NO_3)_2$(0.1mol/L)
$MnSO_4$(0.1mol/L)	$CuSO_4$(0.1mol/L)	$CaCl_2$(0.1mol/L)
$SnCl_2$(0.1mol/L)	$CuSO_4 \cdot 5H_2O$(固体)	$ZnSO_4$(固体)
$CaCl_2$(固体)	PbO_2(固体)	$Fe_2(SO_4)_3$(固体)
$Co(NO_3)_2$(固体)	$NiSO_4$(固体)	白色硅胶

四、实验内容

1. 碳酸盐的性质

(1) Na_2CO_3 和 $NaHCO_3$ 水溶液的酸碱性。用pH试纸分别测定0.1mol/L Na_2CO_3 和 $NaHCO_3$ 水溶液的pH值，并与计算值比较。

(2) 金属离子与 Na_2CO_3 水溶液的反应。在三支试管中，分别加入10滴0.1mol/L $CaCl_2$，$Al_2(SO_4)_3$，$CuSO_4$ 溶液，然后分别加入10滴0.1mol/L Na_2CO_3 溶液，观察沉淀的形成和颜色。试设法证明 $Al_2(SO_4)_3$ 与 Na_2CO_3 生成的沉淀是 $Al(OH)_3$，$CaCl_2$ 与 Na_2CO_3 生成的沉淀是 $CaCO_3$。解释观察到的现象。

(3) 碳酸盐的热稳定性。向试管中加入10滴0.1mol/L $AgNO_3$ 溶液后，逐滴加入0.1mol/L Na_2CO_3 溶液至沉淀生成，观察沉淀的颜色，加热沉淀物，观察固体颜色变化。写出上面各步反应方程式，并简述 Ag_2CO_3 热稳定性较差的原因。

2. 硅酸盐的性质

(1) 硅酸凝胶的形成。在1支试管中加入约10滴0.1mol/L的 Na_2SiO_3，用玻璃棒蘸取后点到pH试纸上，测pH值。然后向试管中加入约1mL6.0mol/L HCl，微热并放置一会儿，观察试管中的变化。

(2)硅胶的吸附性。在1支试管中，加入2mL铜氨溶液(用0.1mol/L $CuSO_4$ 和6.0mol/L氨水自行配制)，加入2~3粒硅胶，充分振荡，观察溶液及硅胶(原来无色)的颜色有何变化。

(3)微溶性硅酸盐生成水中花园(本实验可提前先做，4人合做1份)。在50mL的小烧杯中，加入约30mL 20%的 Na_2SiO_3，然后在溶液不同部位分散加入固体：$CaCl_2$，$CuSO_4 \cdot 5H_2O$，$ZnSO_4$，$Fe_2(SO_4)_3$，$Co(NO_3)_2$，$NiSO_4$ 各一小粒(最好加入颗粒状的)，放置片刻，观察现象。再过半小时后，又有什么变化？记录这些难溶硅酸盐的颜色。

3. 锡、铅化合物的性质

(1)锡和铅氢氧化物的酸碱性。在2支试管中各加入3滴0.1mol/L的 $SnCl_2$ 溶液，逐滴加入2.0mol/L NaOH和2.0mol/L HCl溶液，沉淀是否溶解，写出有关离子反应式。用0.1mol/L $Pb(NO_3)_2$ 溶液代替 $SnCl_2$ 溶液，重复上述实验，比较 $Sn(OH)_2$ 和 $Pb(OH)_2$ 的酸碱性。

(2) $SnCl_2$ 的还原性。取3滴0.1mol/L $HgCl_2$ 溶液于试管中，在不断摇动下，逐滴加入0.1mol/L $SnCl_2$ 溶液，观察沉淀的颜色变化，写出反应式(Hg_2Cl_2 为白色，Hg为灰色)。

(3) PbO_2 的氧化性。在约1mL 6.0mol/L HNO_3 中，加入3滴0.1mol/L $MnSO_4$ 溶液，加入少量 PbO_2 固体，充分振荡或微热之，观察溶液颜色的变化，写出反应式，说明为什么 PbO_2 可氧化 Mn^{2+} 为 MnO_4^-？(为什么以上实验不可用HCl或 H_2SO_4 作介质？)

(4)铅的难溶性盐的制备。在5支试管中各加入10滴0.1mol/L $Pb(NO_3)_2$ 溶液，然后分别加入数滴2.0mol/L HCl，2.0mol/L H_2SO_4，0.1mol/L KI，0.1mol/L K_2CrO_4，0.1mol/L Na_2S 溶液。观察沉淀的生成，并记录各种沉淀的颜色。

五、思考题

(1)碳酸钠溶液与金属离子可生成几种不同形式的沉淀？为什么？

(2)怎样验证氧化值为+2的锡的还原性和氧化值为+4的铅的氧化性？

(3)本实验用到哪些有毒物质，应如何使用和处理？

实验十一　氮、磷、锑和铋的化合物性质

一、实验目的

(1)掌握硝酸及其盐、亚硝酸及其盐的重要性质。

(2)了解磷酸盐的主要性质。

(3)了解锑和铋化合物的性质。

二、实验原理

1. 硝酸及其盐

硝酸是强酸，也是强氧化剂。硝酸与非金属反应时，常被还原为NO；与金属反应时，被还原的产物取决于硝酸的浓度和金属的活泼性。金属相同，硝酸越稀，氮被还原的程度越大；硝酸的浓度相同，金属越活泼，硝酸被还原的程度越大。例如

$$Cu + 4HNO_3(浓) \longrightarrow Cu(NO_3)_2 + 2NO_2 + 2H_2O$$

$$3Cu + 8HNO_3(稀) \longrightarrow 3Cu(NO_3)_2 + 2NO + 4H_2O$$

$$4Zn + 10HNO_3(稀) \longrightarrow 4Zn(NO_3)_2 + N_2O + 5H_2O$$

$$4Zn + 10HNO_3(很稀) \longrightarrow 4Zn(NO_3)_2 + NH_4NO_3 + 3H_2O$$

大多数硝酸盐是无色易溶于水的晶体，其水溶液无氧化性。固态硝酸盐在常温下比较稳定，高温时分解而显氧化性。分解产物随金属离子的不同而表现出差异。

2. 亚硝酸及其盐

实验室可通过稀酸与亚硝酸盐反应来制备亚硝酸。亚硝酸很不稳定，仅存在于冷的稀溶液中。浓缩或加热时可分解为N_2O_3，使水溶液呈浅蓝色，N_2O_3又分解为NO_2和NO，使气相出现NO_2红棕色，即：

$$HNO_2 \rightleftharpoons H_2O + N_2O_3 \rightleftharpoons H_2O + NO + NO_2$$

该反应可应用于NO_2^-离子的鉴定。

在亚硝酸及其盐中，氮的氧化数处于中间状态，因此既有氧化性又有还原性。在酸性介质中亚硝酸盐是强的氧化剂，在遇强的氧化剂反应时，可被氧化成NO_3^-。如：

$$Fe^{2+} + NO_2^- + 2H^+ \longrightarrow Fe^{3+} + NO + H_2O$$

$$2I^- + 2NO_2^- + 4H^+ \longrightarrow I_2 + 2NO + 2H_2O$$

$$2MnO_4^- + 5NO_2^- + 6H^+ \longrightarrow 5NO_3^- + 2Mn^{2+} + 3H_2O$$

NO_3^-离子可用棕色环法鉴定，其反应的方程式为：

$$3Fe^{2+} + NO_3^- + 4H^+(浓\ H_2SO_4) \longrightarrow Fe^{3+} + NO + 2H_2O$$

$$[Fe(H_2O)_6]^{2+} + NO \longrightarrow [FeNO(H_2O)_5]^{2+} + H_2O$$

NO_2^-离子也有上述同样的反应，但需在醋酸溶液中，NO_2^-与$FeSO_4$反应形成棕色溶液，利用这一反应也可鉴定NO_2^-离子。由此可见，NO_2^-存在会干扰NO_3^-离子的鉴定，所以可先加入NH_4Cl共热，以破坏NO_2^-，也可以利用这个反应来鉴定NO_2^-：

$$NH_4^+ + NO_2^- \longrightarrow N_2 + 2H_2O$$

3. 磷酸盐的性质

磷酸盐有三种类型：即磷酸正盐、磷酸一氢盐和磷酸二氢盐。磷酸二氢盐均溶

于水，而其他两种盐除 K^+、Na^+、NH_4^+ 盐外，一般不溶于水。可溶性磷酸盐在水中都有不同程度的水解，使溶液显示不同的酸碱性。利用磷酸盐的这种性质，可配制几种不同 pH 值的标准缓冲溶液。

PO_4^{3-} 能与钼酸铵，生成黄色难溶的晶体，用此反应可鉴定 PO_4^{3-} 离子。

$$PO_4^{3-} + 3NH_4^+ + 12MoO_4^{2-} + 24H^+ \longrightarrow (NH_4)_2PO_4 \cdot 12MoO_3 \cdot 6H_2O(\text{黄色沉淀}) + 6H_2O$$

4. 锑和铋化合物的性质

锑、铋有氧化数为 +3 和 +5 两个系列的氧化物及其水合物，氧化数为 +3 的化合物，具有还原性；氧化数为 +5 的化合物，具有氧化性。反应酸度变化，会引起锑、铋化合物氧化还原能力变化。在强酸性介质中，铋酸钠可将 Mn^{2+} 离子氧化为 MnO_4^-；而只有在强碱性条件下，$Bi(OH)_3$ 才能被强的氧化剂氧化。

$$5NaBiO_3 + 2Mn^{2+} + 14H^+ \longrightarrow 2MnO_4^- + 5Bi^{3+} + 5Na^+ + 7H_2O$$

锑、铋都能生成不溶于稀酸的有色硫化物：Sb_2S_3 和 Sb_2S_5 为橙色，Bi_2S_3 为黑色。锑的硫化物能溶于 $(NH_4)_2S$ 或 Na_2S 中生成硫代酸盐，而铋的硫化物则不溶。如

$$Sb_2S_3 + 3Na_2S \longrightarrow 2Na_3SbS_3 \quad (\text{硫代亚锑酸钠})$$

$$Sb_2S_5 + 3Na_2S \longrightarrow 2Na_3SbS_4 \quad (\text{硫代锑酸钠})$$

Sb^{3+} 在锡片上可以被还原为金属锑，使锡片呈现黑色；在碱性条件下，Bi^{3+} 可以被亚锡酸钠还原为黑色的金属铋。利用这个两个反应来鉴定 Sb^{3+} 和 Bi^{3+} 离子。

$$2Sb^{3+} + 3Sn \longrightarrow 2Sb + 3Sn^{2+}$$

$$2Bi(OH)_3 + 3SnO_2^{2-} \longrightarrow 3Bi\downarrow + 3SnO_3^{2-} + 3H_2O$$

三、仪器与药品

1. 仪器及材料

无机化学实验常用玻璃及其他器皿 1 套

2. 药品

HCl(2.0，6.0mol/L)	H_2SO_4(浓，1∶1，1.0，2.0 mol/L)	
HNO_3(浓，2.0，6.0mol/L)	NaOH(0.1，2.0，6.0 mol/L)	
HAc(2.0mol/L)	Na_2S(0.5mol/L)	KI(0.1mol/L)
$NaNO_3$(0.1mol/L)	$NaNO_2$(1.0，0.1mol/L)	$MnSO_4$(0.1mol/L)
$KMnO_4$(0.01mol/L)	Na_3PO_4(0.1mol/L)	Na_2HPO_4(0.1mol/L)
NaH_2PO_4(0.1mol/L)	$SnCl_2$(0.1mol/L)	$CaCl_2$(0.1mol/L)
$SbCl_3$(0.1mol/L)	$BiCl_3$(0.1 mol/L)	$BaCl_2$(1.0mol/L)
$NaBiO_3$(固体)	钼酸铵试剂	$FeSO_4 \cdot 7H_2O$(固体)
pH 试纸	金属锡片	单质硫粉末
铜屑	锌粒	淀粉溶液(0.5%)

四、实验内容

1. 硝酸及其盐的性质

(1)硝酸与非金属的反应。在两支试管中各加入少量的硫粉，然后分别加入1mL 2.0mol/L HNO_3 溶液和浓 HNO_3，将两试管加热煮沸(应在通风橱中操作)后，检验是否都有 SO_4^{2-}？

(2)硝酸与金属的反应。在分别盛有少量锌粒和铜屑的试管中，各加入约1mL浓 HNO_3(应在通风橱中操作)后，观察现象；然后在分别盛有少量锌粉和铜屑的试管中，各加入约1mL 2.0mol/L HNO_3 溶液，观察现象。比较这些反应，写出反应的方程式。

(3)NO_3^- 离子的鉴定。在试管中加入1mL0.1mol/L $NaNO_3$，再加入1~2小粒 $FeSO_4$ 晶体，溶解后，将试管斜持，沿试管壁慢慢滴加5~10滴的浓 H_2SO_4。观察在浓 H_2SO_4 与溶液交界处出现的棕色环，写出反应的方程式。

2. 亚硝酸及其盐的性质

(1)亚硝酸的生成与性质。在试管中加入10滴1.0mol/L $NaNO_2$ 溶液(如果室温较高，可放在冰水中冷却)，然后滴加1∶1的 H_2SO_4 溶液。观察溶液的颜色和液面上气体的颜色。解释这种现象，写出反应方程式。

(2)亚硝酸的氧化性。在试管中加入5滴0.1mol/L $NaNO_2$ 和0.1mol/L KI溶液，观察是否发生反应？然后用1.0mol/L H_2SO_4 溶液酸化，观察现象，并证明是否有 I_2 生成？写出反应方程式。

(3)亚硝酸的还原性。在试管中加入5滴0.1mol/L $NaNO_2$ 溶液和3滴0.01mol/L $KMnO_4$ 溶液，观察紫色是否褪去。然后用1mol/L H_2SO_4 溶液酸化，观察现象，写出反应方程式。

(4)NO_2^- 离子的鉴定。在试管中加入10滴0.1mol/L $NaNO_2$ 溶液，加入数滴2.0mol/L HAc酸化，再加入1~2小粒 $FeSO_4$ 晶体，溶解后，如有棕色出现，证明有 NO_2^- 离子存在。

3. 磷酸盐的性质

(1)磷酸盐的酸碱性。用pH试纸分别测定0.1mol/L Na_3PO_4，Na_2HPO_4，NaH_2PO_4 溶液的pH值，并与计算值比较。

(2)磷酸盐的溶解性。在三支试管中各加入10滴0.1mol/L $CaCl_2$ 溶液，然后分别加入等量的0.1mol/L Na_3PO_4，Na_2HPO_4，NaH_2PO_4 溶液。观察各试管中是否有沉淀生成。向这三个试管中先分别加入2.0mol/L NaOH溶液，观察发生的现象；再分别加入2.0mol/L HCl溶液观察发生的现象，说明磷酸的三种钙盐的溶解性。

(3)PO_4^{3-} 离子的鉴定。在试管中加入5滴0.1mol/L Na_3PO_4 溶液和10滴浓 HNO_3，再加入20滴钼酸铵试剂，微热后，观察黄色沉淀产生。

4. 锑和铋化合物的性质

(1)氧化值为+3的锑和铋氢氧化物的酸碱性。在试管中加入5滴0.1mol/L

$SbCl_3$ 溶液，再加入 5 滴 2. 0mol/L NaOH 溶液，观察现象；然后将混合物分成两份，分别加入 2. 0mol/L HCl 和 2. 0mol/L NaOH 溶液，检验 $Sb(OH)_3$ 的酸碱性。

用 0. 1mol/L $BiCl_3$ 溶液重复上述实验，观察现象，说明 $Bi(OH)_3$ 的酸碱性。分别写出反应方程式。

(2)氧化值为 +5 的铋的氧化性。在试管中加入 3 滴 0. 1mol/L $MnSO_4$ 溶液和约 1mL 1∶1 H_2SO_4 溶液，再加入少许 $NaBiO_3$ 固体，振荡，并微热，观察溶液的颜色。解释现象，并写出反应方程式。

(3)氧化值为 +3 的锑和铋的硫化物。在试管中加入 10 滴 0. 1mol/L $SbCl_3$ 溶液和 5 滴 0. 5mol/L Na_2S 溶液，观察沉淀的颜色，静置片刻或离心沉降后，将沉淀分为两份，分别滴加入 6. 0mol/L HCl 溶液和 0. 5mol/L Na_2S 溶液，振荡，观察沉淀是否溶解？在加入 0. 5mol/L Na_2S 溶液的试管中，再加入 2. 0mol/L HCl 溶液，观察是否又有沉淀产生？解释现象并写出反应方程式。

取 0. 1mol/L $BiCl_3$ 溶液，重复上述实验，比较两次实验结果。

(4)Sb^{3+} 和 Bi^{3+} 离子的鉴定。在一小片光亮的锡片上，滴加 1 滴 0. 1mol/L $SbCl_3$ 溶液，锡片上出现黑色，此法可鉴定 Sb^{3+} 离子存在；取 5 滴 0. 1mol/L $SnCl_2$ 溶液，滴加 2. 0mol/L NaOH 溶液，发现有白色沉淀生成，继续加入 2. 0mol/L NaOH 溶液并不断地震荡试管直到白色沉淀消失，此溶液为亚锡酸钠溶液。向此溶液中加入 5 滴 0. 1mol/L $BiCl_3$ 溶液，再滴入 2. 0mol/L NaOH 溶液并不断地震荡试管，直到有黑色沉淀生成，此法可鉴定 Bi^{3+} 离子存在。

五、思考题

(1)硝酸与金属反应时，主要的还原产物是什么？

(2)如果用 Na_2SO_3 代替 KI 来证明 $NaNO_2$ 具有氧化性，应怎样进行实验？

(3)锑和铋的硫化物的酸碱性与氢氧化物的酸碱性有何异同？

实验十二　铬、锰、铁、钴、镍的化合物性质

一、实验目的

(1)了解铬、锰、铁、钴、镍的氢氧化物生成和性质。

(2)掌握铬(Ⅵ)和锰(Ⅶ)化合物的氧化性。

(3)了解铁、钴、镍的配位化合物生成和性质。

(4)掌握铁盐的性质。

二、实验原理

1. 铬、锰、铁、钴、镍的氢氧化物

在 Cr^{3+}，Mn^{2+}，Fe^{2+}，Fe^{3+}，Co^{2+}，Ni^{2+} 等盐溶液中，分别加入适量的 NaOH

溶液，均能生成有颜色的难溶氢氧化物，产物及其主要性质列于表4-3。

表4-3　第一过渡系部分离子氢氧化物性质

盐溶液	Cr^{3+}	Mn^{2+}	Fe^{2+}	Fe^{3+}	Co^{2+}	Ni^{2+}
加适量 NaOH 的产物	$Cr(OH)_3$	$Mn(OH)_2$	$Fe(OH)_2$	$Fe(OH)_3$	$Co(OH)_2$	$Ni(OH)_2$
颜色	灰绿	白	白	棕红	粉红	绿
稳定性	稳定	不稳定	不稳定	稳定	较稳定	稳定

$Cr(OH)_3$ 呈两性，既溶于酸又溶于碱：

$$Cr(OH)_3 + OH^- \longrightarrow [Cr(OH)_4]^- \text{（亮绿色）}$$

$[Cr(OH)_4]^-$ 具有还原性，可将 H_2O_2 还原，在加热时发生反应：

$$2[Cr(OH)_4]^- \text{（亮绿色）} + 3H_2O_2 + 2OH^- \longrightarrow 2CrO_4^{2-} \text{（黄色）} + 8H_2O$$

$Mn(OH)_2$ 在空气中很不稳定，迅速地被氧化为棕色的水合二氧化锰：

$$2Mn(OH)_2 + O_2 \longrightarrow MnO(OH)_2$$

$Fe(OH)_2$ 在空气迅速被氧化，生成绿色中间产物，最后到红棕色的 $Fe(OH)_3$：

$$4Fe(OH)_2 + O_2 + 2H_2O \longrightarrow 4Fe(OH)_3$$

$Co(OH)_2$ 在空气中缓慢被氧化为褐色的 $CoO(OH)$，$Ni(OH)_2$ 在空气稳定。

从在空气中稳定性可以看出，它们的还原能力是：

$$Fe(OH)_2 > Co(OH)_2 > Ni(OH)_2 \text{。}$$

$Fe(OH)_2$、$Co(OH)_2$、$Ni(OH)_2$ 均可以被溴水氧化为高氧化态的氢氧化物 $Fe(OH)_3$、$CoO(OH)$、$NiO(OH)$。$Fe(OH)_3$ 稳定存在，$CoO(OH)$、$NiO(OH)$ 不稳定，具有强氧化性，可将 HCl 氧化，放出 Cl_2。

$$2NiO(OH) + 6HCl \longrightarrow 2NiCl_2 + Cl_2 + 4H_2O$$

铁、钴、镍高氧化态的氢氧化物氧化能力：$Fe(OH)_3 < CoO(OH) < NiO(OH)$

2. $K_2Cr_2O_7$ 和 $KMnO_4$ 的重要性质

$K_2Cr_2O_7$（重铬酸钾）为橙红色晶体，K_2CrO_4（铬酸钾）为黄色晶体。在酸性条件下 $K_2Cr_2O_7$ 具有较强的氧化性，可被还原为 Cr^{3+}，如：

$$Cr_2O_7^{2-} + 6I^- + 14H^+ \longrightarrow 2Cr^{3+} + 3I_2 + 7H_2O$$

$$Cr_2O_7^{2-} + 3SO_3^{2-} + 8H^+ \longrightarrow 2Cr^{3+} + 3SO_4^{2-} + 4H_2O$$

$$Cr_2O_7^{2-} + 6Fe^{2+} + 14H^+ \longrightarrow 2Cr^{3+} + 6Fe^{3+} + 7H_2O$$

最后一个反应在分析化学中用来测定铁的含量。

在不同条件下，重铬酸盐与铬酸盐可以相互转化：

$$2CrO_4^{2-} \text{（黄色）} + 2H^+ \underset{OH^-}{\overset{H^+}{\rightleftharpoons}} Cr_2O_7^{2-} \text{（橙色）} + H_2O$$

重铬酸盐大多都易溶于水，而铬酸盐除钾、钠、铵盐外，大多都难溶于水。在重铬酸盐溶液中，加入 Ba^{2+}，Ag^+，Pb^{2+} 等离子时，将生成铬酸盐沉淀：

$$Cr_2O_7^{2-} + 2Ba^{2+} + H_2O \longrightarrow 2BaCrO_4(\text{柠檬黄}) + 2H^+$$

$$Cr_2O_7^{2-} + 2Pb^{2+} + H_2O \longrightarrow 2PbCrO_4(\text{铅黄}) + 2H^+$$

$$Cr_2O_7^{2-} + 4Ag^+ + H_2O \longrightarrow Ag_2CrO_4 \text{砖红色}) + 2H^+$$

在酸性条件下，$Cr_2O_7^{2-}$ 可氧化 H_2O_2：

$$Cr_2O_7^{2-} + 3H_2O_2 + 8H^+ \longrightarrow 2Cr^{3+} + 3O_2 + 7H_2O$$

在反应过程中，首先生成可在乙醚中比较稳定存在的蓝色 CrO_5(过氧化铬)：

$$Cr_2O_7^{2-} + 4H_2O_2 + 2H^+ \longrightarrow 2CrO_5 + 5H_2O$$

然后 CrO_5 缓慢分解为 Cr^{3+}，并放出 O_2。此反应可用于检验铬(Ⅵ)或过氧化氢。

$KMnO_4$ 是紫红色晶体，是常用的氧化剂。$KMnO_4$ 氧化能力随介质酸性减弱而减弱，其还原产物随介质酸碱性的不同而变化。MnO_4^- 在酸性、中性和碱性介质中的还原产物分别为 Mn^{2+}，MnO_2 和 MnO_4^{2-}。如：

$$2MnO_4^-(\text{紫红色}) + 5SO_3^{2-} + 6H^+ \longrightarrow 2Mn^{2+}(\text{淡红色或无色}) + 5SO_4^{2-} + 3H_2O$$

$$2MnO_4^- + 3SO_3^{2-} + H_2O \longrightarrow 2MnO_2(\text{棕色}) + 3SO_4^{2-} + 2OH^-$$

$$2MnO_4^- + SO_3^{2-} + 2OH^- \longrightarrow 2MnO_4^{2-}(\text{绿色}) + SO_4^{2-} + H_2O$$

Mn^{2+} 为浅粉红色，稀溶液时近乎无色，强酸中能稳定存在。而强氧化剂(如 $NaBiO_3$)在强酸性介质中能把 Mn^{2+} 氧化为紫红色 MnO_4^-，用此反应来鉴定 Mn^{2+}。

$$5NaBiO_3 + 2Mn^{2+} + 14H^+ \longrightarrow 2MnO_4^- + 5Bi^{3+} + 5Na^+ + 7H_2O$$

3. 铁、钴、镍的配位化合物生成和性质

Fe^{2+}，Co^{2+}，Ni^{2+} 均能与氨水形成氨合配离子，其氨合配物的稳定性按 Fe^{2+}、Co^{2+}、Ni^{2+} 的顺序依次增强。Fe^{2+} 难以形成稳定的氨合配离子。Co^{2+} 与过量氨水的反应，可形成土黄色的$[Co(NH_3)_6]^{2+}$，此配离子在空气中缓慢被氧化为更稳定红褐色$[Co(NH_3)_6]^{3+}$，$[Co(NH_3)_6]^{3+}$ 比 Co^{3+} 稳定。Ni^{2+} 在过量氨水中可生成比较稳定的蓝色$[Ni(NH_3)_6]^{2+}$。

$$4[Co(NH_3)_6]^{2+} + O_2 + 2H_2O \longrightarrow 4[Co(NH_3)_6]^{3+} + 4OH^-$$

Fe^{2+}，Co^{2+}，Ni^{2+} 均能与 CN^- 形成配合物。Fe^{2+} 在过量的 KCN 溶液中，形成稳定的$[Fe(CN)_6]^{4-}$。$[Fe(CN)_6]^{4-}$ 可被氧化剂氧化为$[Fe(CN)_6]^{3-}$，$[Fe(CN)_6]^{4-}$ 从溶液中析出黄色晶体 $K_4[Fe(CN)_6]\cdot 3H_2O$，俗称黄血盐。$[Fe(CN)_6]^{3-}$ 从溶液中析出深红色晶体 $K_3[Fe(CN)_6]$，俗称赤血盐。Fe^{2+} 盐溶液加入赤血盐$[Fe(CN)_6]^{3-}$ 或 Fe^{3+} 盐溶液加入黄血盐，均能生成蓝色沉淀：

$$K^+ + Fe^{2+} + [Fe(CN)_6]^{3-} \longrightarrow [KFe(CN)_6Fe](\text{藤氏蓝})$$

$$K^+ + Fe^{3+} + [Fe(CN)_6]^{4-} \longrightarrow [KFe(CN)_6Fe](\text{普鲁士蓝})$$

用这两个反应分别鉴定 Fe^{2+} 和 Fe^{3+} 离子。

Co^{2+} 在过量 KCN 溶液中，先可形成茶绿色的$[Co(CN)_5H_2O]^{3-}$，然后被空气氧化为黄色$[Co(CN)_6]^{3-}$。Ni^{2+} 与过量 KCN 溶液反应生成稳定的橙黄色$[Ni(CN)_4]^{2-}$

配离子，在较浓的 CN^- 溶液中，可形成深红色 $[Ni(CN)_5]^{3-}$。

Fe^{3+} 与 KSCN 形成血红色配合物 $[Fe(NCS)_n]^{3-n}$，n 值随溶液中 SCN^- 浓度和酸度来定。此反应用于鉴定 Fe^{3+}。

Co^{2+} 与 KSCN 形成蓝色 $[Co(NCS)_4]^{2-}$ 配离子。该配离子在水中不稳定，但在丙酮等有机溶剂中稳定且颜色显著加深，用此反应鉴定 Co^{2+} 离子。

Ni^{2+} 离子可通过在氨性溶液中与丁二肟反应生成鲜红色螯合物来鉴定。

三、仪器与药品

1. 仪器及材料

无机化学实验常用玻璃及其他器皿1套

2. 药品

H_2SO_4(浓，1∶1，1.0，2.0mol/L)	HCl(2.0，6.0 mol/L)	
NaOH(40%，2.0，6.0mol/L)	$MnSO_4$(0.1mol/L)	H_2O_2(3%)
$NH_3 \cdot H_2O$(2.0，6.0mol/L)	Na_2SO_3(0.5mol/L)	KI(0.1mol/L)
HNO_3(浓，2.0，6.0mol/L)	$NiSO_4$(0.1mol/L)	$KMnO_4$(0.01mol/L)
$CrCl_3$(0.1mol/L)	$K_2Cr_2O_7$(0.01mol/L)	$FeCl_3$(0.1mol/L)
$CoCl_2$(0.1mol/L)	NH_4Cl(1.0mol/L)	Br_2 水
$K_4[Fe(CN)_6]$(0.1mol/L)	$K_3[Fe(CN)_6]$(0.1mol/L)	MnO_2(固体)
$FeSO_4 \cdot 7H_2O$(固体)	KSCN(固体)	$NaBiO_3$(固体)
丁二肟酒精溶液(1%)	淀粉溶液(0.5%)	丙酮
乙醚	pH 试纸	淀粉碘化钾试纸

四、实验内容

(一)铬和锰

1. 氢氧化物的生成与性质

(1) $Cr(OH)_3$ 的制备与性质。用 $CrCl_3$ 溶液制备沉淀 $Cr(OH)_3$，观察沉淀的颜色。用实验证明是否有两性，写出反应方程式。

(2) $Mn(OH)_2$ 的制备与性质。在三支试管中，各加入10滴0.1mol/L $MnSO_4$ 溶液，然后分别加入5滴2.0mol/L NaOH溶液，观察沉淀的生成。用其中的两个试管检验沉淀是否呈两性。另一支试管在空气中振荡，注意沉淀的颜色变化。解释现象。

2. 主要氧化数化合物性质

(1) $CrCl_3$ 被氧化。在试管中加入5滴0.1mol/L $CrCl_3$ 溶液，再加入过量6.0mol/L NaOH溶液，观察溶液的颜色。然后加入3% H_2O_2 溶液，加热，观察溶液的颜色。解释现象，写出反应方程式。

(2)重铬酸盐与铬酸盐的相互转变。取几滴0.01mol/L $K_2Cr_2O_7$ 溶液，加入少许2.0mol/L NaOH溶液，观察溶液的颜色。然后用2.0mol/L H_2SO_4 溶液酸化，观察溶液的颜色变化，写出反应方程式。

(3) K_2MnO_4 的生成。在 10 滴 0.01mol/L $KMnO_4$ 溶液中，加入 5 滴 40% NaOH 溶液，然后加入小米粒大小的 MnO_2 固体，震荡，微热后，静置片刻，观察上层清液的颜色。若现象不明显离心沉降后观察，写出反应方程式。

(4) 高锰酸钾还原产物与介质的关系。在酸性、中性和碱性溶液中，$KMnO_4$ 被 Na_2SO_3 溶液还原产物各是什么？试根据实验现象作出结论，写出反应方程式。

3. Cr^{3+}，$Cr_2O_7^{2-}$ 和 Mn^{2+} 离子的鉴定

(1) Cr^{3+} 或 $Cr_2O_7^{2-}$ 离子的鉴定。取 3 滴 0.01mol/L $K_2Cr_2O_7$ 溶液，用 6.0mol/L HNO_3 酸化后，加入数滴乙醚和 3% H_2O_2 水溶液，乙醚层呈蓝色，表明有 $Cr_2O_7^{2-}$ 离子存在；取 2 滴 0.1mol/L $CrCl_3$ 溶液，再加入过量 6.0mol/L NaOH 溶液，使生成 $[Cr(OH)_4]^-$ 后，加入 3 滴 3% H_2O_2 水溶液，微热至溶液呈浅黄色。冷却，加入 10 滴乙醚，用 6.0mol/L HNO_3 酸化，乙醚层呈蓝色，表明有 Cr^{3+} 离子存在。

(2) Mn^{2+} 离子的鉴定。取 3 滴 0.1mol/L $MnSO_4$ 溶液，加入约 1mL6mol/L HNO_3 溶液，再加入少许 $NaBiO_3$ 固体，振荡，并微热，溶液呈紫红色，表明有 Mn^{2+} 离子存在。

(二) 铁、钴、镍

1. 主要氧化数的化合物性质：

(1) 氧化数为 +2 的氢氧化物的生成与性质：

①$Fe(OH)_2$ 的制备与性质。在试管中加入 2mL 去离子水，加 2 滴 2.0mol/L H_2SO_4 酸化。加热煮沸片刻以除去水中溶解氧，然后，在煮沸的水中加几粒 $FeSO_4 \cdot 7H_2O$ 固体，溶解。取 1mL 2.0mol/L NaOH 溶液，加热煮沸片刻后，迅速地倒入 $FeSO_4$ 溶液中(不要摇动)，观察现象。然后，摇均匀，将溶液分为三份，一份静置片刻，观察沉淀颜色的变化。另外两份检验 $Fe(OH)_2$ 的酸碱性。解释现象，写出反应方程式。

②$Co(OH)_2$ 的制备与性质。在少许 0.1mol/L $CoCl_2$ 溶液中，滴加 2.0mol/L NaOH 溶液，观察现象。然后，将溶液分为三份，一份微热后，观察沉淀颜色的变化。另外两份检验 $Co(OH)_2$ 的酸碱性。解释现象，写出反应方程式。

③$Ni(OH)_2$ 的制备与性质。在少许 0.1mol/L $NiSO_4$ 溶液中，滴加 2.0mol/L NaOH 溶液，观察现象。然后，将溶液分为三份，一份在空气中放置，观察沉淀颜色的是否有变化，另外两份检验 $Ni(OH)_2$ 的酸碱性。解释现象，写出反应方程式。

根据 A、B、C 三项实验结果，总结氧化数为 +2 铁、钴、镍的氢氧化物酸碱性和还原性。

(2) 氧化数 +3 的氢氧化物的生成与性质：

①$Fe(OH)_3$ 的制备与性质。在少许 0.1mol/L $FeCl_3$ 溶液中，滴加 2.0mol/L NaOH 溶液，观察沉淀的颜色和形状，写出反应方程式。

②$Co(OH)_3$ 的制备与性质。在少许 0.1mol/L $CoCl_2$ 溶液，加入几滴溴水，然后滴加 2.0mol/L NaOH 溶液，观察沉淀的颜色。将溶液加热至沸，静置后，吸取上层的清液。将沉淀洗涤后，在沉淀上滴加几滴浓 HCl，加热，用湿润的淀粉碘化钾

试纸检验逸出的气体。解释现象，写出反应方程式。

③$Ni(OH)_3$ 的制备与性质。用与上述制备 $Co(OH)_3$ 相同的方法，由 $NiSO_4$ 溶液制备 $Ni(OH)_3$。检验 $Ni(OH)_3$ 和浓 HCl 作用时是否有氯气产生？

根据上述 A、B、C 三项实验结果，总结氧化数为 +3 铁、钴、镍的氧化性。

(3) Fe^{2+} 盐的还原性与 Fe^{3+} 盐的氧化性。取几粒 $FeSO_4 \cdot 7H_2O$ 固体溶解后，加入几滴 0.01mol/L $KMnO_4$ 溶液，用 1∶1 H_2SO_4 将溶液酸化后，观察现象。在少许 0.1mol/L KI 溶液中加入几滴 0.1mol/L $FeCl_3$ 溶液，观察现象。写出反应方程式。

2. 重要配合物及离子的鉴定

(1) 铁配合物及 Fe^{2+}，Fe^{3+} 离子的鉴定：

①氧化数 +2 铁的配合物与 Fe^{3+} 离子的鉴定。在少许 0.1mol/L $K_4[Fe(CN)_6]$ 溶液中，滴加 2.0mol/L NaOH 溶液，是否有 $Fe(OH)_2$ 沉淀产生？为什么？在 0.1mol/L $FeCl_3$ 溶液中，滴加 2 滴 $K_4[Fe(CN)_6]$ 溶液。观察现象，写出反应方程式。此法用于鉴定 Fe^{3+} 离子。也可以用 $FeCl_3$ 溶液与 KSCN 溶液生成血红溶液来鉴定 Fe^{3+} 离子。

②氧化数 +3 铁的配合物与 Fe^{2+} 离子的鉴定。在少许 0.1mol/L $K_3[Fe(CN)_6]$ 溶液中，滴加 2.0mol/L NaOH 溶液，是否有 $Fe(OH)_3$ 沉淀产生？为什么？在试管中加入几粒 $FeSO_4 \cdot 7H_2O$ 固体，溶解后，滴加 2 滴 $K_3[Fe(CN)_6]$ 溶液。观察现象，写出反应方程式。此法用于鉴定 Fe^{2+}。

(2) 钴配合物及 Co^{2+} 离子的鉴定：

①氧化数 +2 钴的配合物。在少许 0.1mol/L $CoCl_2$ 溶液中，加入几滴 1.0mol/L NH_4Cl 溶液和过量的 6.0mol/L 氨水，观察溶液的颜色。在空气中静置片刻后，观察溶液颜色的变化。解释现象，写出反应方程式。

②Co^{2+} 离子的鉴定。在 5 滴 0.1mol/L $CoCl_2$ 溶液中，加入少量 KSCN 固体，再加入数滴丙酮。丙酮层呈现蓝色，说明有 Co^{2+} 离子存在。

(3) 镍配合物及 Ni^{2+} 离子的鉴定：

①镍的配合物。在少许 0.1mol/L $NiSO_4$ 溶液中，滴加几滴 2.0mol/L 氨水，微热，观察绿色碱式盐沉淀的生成。然后再加入 6.0mol/L 氨水和 1.0mol/L NH_4Cl 溶液，观察绿色碱式盐沉淀的溶解及溶液的颜色，解释现象。

②Ni^{2+} 离子的鉴定。在点滴板上加 2 滴 0.1mol/L $NiSO_4$ 溶液，5 滴 2.0mol/L 氨水，再加 1 滴 1% 的丁二肟，产生红色沉淀表明 Ni^{2+} 离子的存在。

五、思考题

(1) 在酸性和碱性介质中氧化值为 +3 和 +6 的铬分别以怎样形式存在？为什么？

(2) 不同介质中高锰酸钾还原产物各是什么？

(3) $FeCl_3$ 溶液与什么物质反应时，会出现下列现象？写出反应方程式。

A. 生成红棕色沉淀　B. 溶液变为血红色　C. 溶液变为无色　D. 生成深蓝色沉淀

实验十三　铜和锌化合物的性质

一、实验目的

(1)了解铜、锌的氢氧化物的生成和酸碱性。

(2)了解铜、锌的氨配合物的生成。

(3)了解铜(Ⅱ)的氧化性。

(4)掌握 Cu^{2+} 的鉴定方法。

二、实验原理

铜、锌是第四周期的 ds 区元素，它们的价电子构型分别为 $3d^{10}4s^1$，$3d^{10}4s^2$。铜的氧化值通常为 +2，但也有 +1；而锌的氧化值则为 +2。

Cu^{2+}，Zn^{2+} 与碱作用分别生成 $Cu(OH)_2$（浅蓝色沉淀）和 $Zn(OH)_2$（白色沉淀）。$Cu(OH)_2$ 两性偏碱，在浓 NaOH 溶液中形成亮蓝色 $[Cu(OH)_4]^-$ 配离子；而 $Zn(OH)_2$ 具有两性，在 NaOH 溶液中形成无色 $[Zn(OH)_4]^-$ 配离子。

铜、锌的盐与氨水作用时，先生成沉淀，后溶解而生成氨配合物，例如：

$$2Cu^{2+} + SO_4^{2-} + 2NH_3 \cdot H_2O\,(\text{适量}) \longrightarrow \underset{(\text{蓝色})}{Cu_2(OH)_2SO_4\downarrow} + 2NH_4^+$$

$$Cu_2(OH)_2SO_4(s) + 8NH_3 \cdot H_2O(\text{过量}) \longrightarrow 2\underset{(\text{深蓝色})}{[Cu(NH_3)_4]^{2+}} + SO_4^{2-} + 2OH^- + 8H_2O$$

$$Zn^{2+} + 2NH_3 \cdot H_2O(\text{适量}) \longrightarrow Zn(OH)_2\downarrow + 2NH_4^+$$

$$Zn(OH)_2(s) + 4NH_3 \cdot H_2O(\text{过量}) \longrightarrow \underset{(\text{无色})}{[Zn(NH_3)_4]^{2+}} + 4H_2O$$

Cu^{2+} 具有氧化性，与 I^- 反应时，不是生成 CuI_2，而是生成白色的 $CuI\downarrow$：

$$2Cu^{2+} + 4I^- \longrightarrow 2CuI\downarrow + I_2$$

将 $CuCl_2$ 溶液与铜屑混合，加入浓 HCl，加热，可得泥黄色配离子 $[CuCl_2]^-$ 的溶液，将这种溶液稀释可得到白色的 CuCl 沉淀：

$$Cu^{2+} + Cu + 4Cl^- \longrightarrow 2[CuCl_2]^-$$

$$[CuCl_2]^- \rightleftharpoons CuCl\downarrow + Cl^-$$

Cu^{2+} 能与 $K_4[Fe(CN)_6]$ 溶液反应生成红棕色 $Cu_2[Fe(CN)_6]$ 沉淀：

$$2Cu^{2+} + [Fe(CN)_6]^{4-} \longrightarrow Cu_2[Fe(CN)_6]\downarrow$$

这个反应用来鉴定 Cu^{2+}。Fe^{3+} 的存在也能与 $K_4[Fe(CN)_6]$ 溶液反应生成蓝色沉淀并干扰 Cu^{2+} 的鉴定。为消除 Fe^{3+} 的干扰，可先加入 NH_4F 溶液，使之生成无色的 $[FeF_6]^{3-}$，再加入 $K_4[Fe(CN)_6]$ 溶液即可得红棕色沉淀。

三、仪器和药品

1. 仪器与材料

无机化学实验常用玻璃及其他器皿1套

2. 药品

HCl(2mol/L，浓)	H_2SO_4(2mol/L)	NaOH(2mol/L，6mol/L)
$NH_3 \cdot H_2O$(2mol/L，6mol/L)	$CuSO_4$(0.1mol/L)	$CuCl_2$(1 mol/L)
$ZnSO_4$(0.1mol/L)	KI(0.1mol/L)，	$Na_2S_2O_3$(0.1mol/L)
$K_4[Fe(CN)_6]$(0.1mol/L)	铜屑	

四、实验内容

1. 铜、锌氢氧化物的生成和酸碱性

分别试验0.1mol/L的$CuSO_4$、$ZnSO_4$溶液与2mol/L NaOH溶液的作用，观察所得沉淀的颜色和形状，将沉淀分为两份，分别试验它们与酸、碱的作用，并将实验结果填入下表中：

现象及产物 / 溶液	加入适量碱使沉淀生成(两份)		一份加过量碱检验沉淀物的酸性		另一份加酸检验沉淀物的碱性	
	现象	主要产物	现象	主要产物	现象	主要产物
0.1mol/L $CuSO_4$，5滴						
0.1 mol/L $ZnSO_4$，5滴						

根据实验结果，给出$Cu(OH)_2$和$Zn(OH)_2$的酸碱性。

2. Cu^{2+}、Zn^{2+}与氨水的反应

分别试验0.1mol/L的$CuSO_4$，$ZnSO_4$溶液与适量氨水和过量$NH_3 \cdot H_2O$的作用，并将实验结果填入下表中。

现象及产物 / 溶液	加入适量氨水至沉淀产生		继续加入过量氨水至沉淀溶解	
	现象	主要产物	现象	主要产物
0.1mol/L $CuSO_4$，5滴				
0.1mol/L $ZnSO_4$，5滴				

3. Cu(Ⅱ)化合物的氧化性

(1)$[CuCl_2]^-$和CuCl的生成。取10滴1mol/L $CuCl_2$溶液于试管中，加入10滴HCl(浓)，再加入少量铜屑，加热至溶液呈泥黄色。将该溶液倒入盛有50mL水的小烧杯(100mL)中，观察白色沉淀的生成，写出相应的反应方程式。

(2)CuI的生成。取0.1mol/L $CuSO_4$溶液10滴于试管中，加入0.1mol/L KI溶液，观察实验现象。再加入0.1mol/L $Na_2S_2O_3$溶液，以除去生成的碘，观察CuI沉淀的颜色。写出相应的反应方程式。

4. Cu^{2+}的鉴定

在点滴板上滴入0.1mol/L $CuSO_4$溶液和0.1mol/L $K_4[Fe(CN)_6]$溶液各2滴，观察红棕色沉淀的生成。表示有Cu^{2+}存在。

5. 混合离子的分离鉴定

混合液中含有Cr^{3+}，Ba^{2+}，NH_4^+，Ni^{2+}四种离子，试将它们逐一分离并鉴定。要求设计出分离鉴定方案图，并用实验验证之。

五、思考题

(1) $CuSO_4$溶液与适量氨水作用时，生成的沉淀是什么物质？此沉淀溶于过量氨水后生成的产物是什么？写出相应的反应方程式。

(2)试根据$E^\ominus(Cu^+/Cu) = 0.52V$，$K_f^\ominus([CuCl_2]^-) = 6.9\times10^4$，计算$E^\ominus([CuCl_2]^-/Cu)$，并说明为什么$Cu^{2+}$与Cu在浓HCl介质中能发生反歧化反应。已知：$E^\ominus(Cu^{2+}/[CuCl_2]^-) = 0.45V$。

(3)根据$K_{sp}^\ominus(CuI) = 1.1\times10^{-12}$，$E^\ominus(Cu^{2+}/Cu^+) = 0.16V$，计算$E^\ominus(Cu^{2+}/CuI)$，并说明$Cu^{2+}$能氧化$I^-$的原因。已知：$E^\ominus(I_2/I^-) = 0.53V$。

实验十四　常见阴、阳离子的分离与鉴定

一、实验目的

(1)熟悉常见阴、阳离子的基本性质与鉴定方法。

(2)熟悉阳离子分离与鉴定的两酸两碱分析法。

(3)掌握Ag^+，Fe^{3+}，Zn^{2+}，Ba^{2+}，Cu^{2+}，Pb^{2+}，Ni^{2+}混合离子的分离与鉴定。

(4)掌握SO_4^{2-}、PO_4^{2-}和Cl^-混合离子的鉴定。

二、实验原理

周期表中常见阳离子有23种，常见的阴离子约有10种，他们的鉴定方法分别见表4-1和表4-2。金属元素常以无机盐的形成存在，许多金属离子可共存于同一溶液中，对他们进行个别鉴定时容易发生相互干扰，这就需要采用系统分析法对混合离子进行分离与鉴定。系统分析法是利用离子的一些共性，加入一定试剂将混合离子分批沉淀为若干组，再以离子的个性在组内进行分析鉴定，以减少离子间的相互干扰。硫化氢系统分析方法是比较完整的一种分离方案，依据的是各离子硫化物溶解度之间的差别，但硫化氢的毒性限制这种方法的发展，近些年该法已逐渐被两酸两碱分析法代替。两酸两碱分析法是以盐酸、硫酸、氨水和氢氧化钠为组试剂的分组方案，依据的是各离子的氯化物、硫酸盐和氢氧化物溶解度差别，将混合离子粗分为五组，其分组方案如图4-1所示。

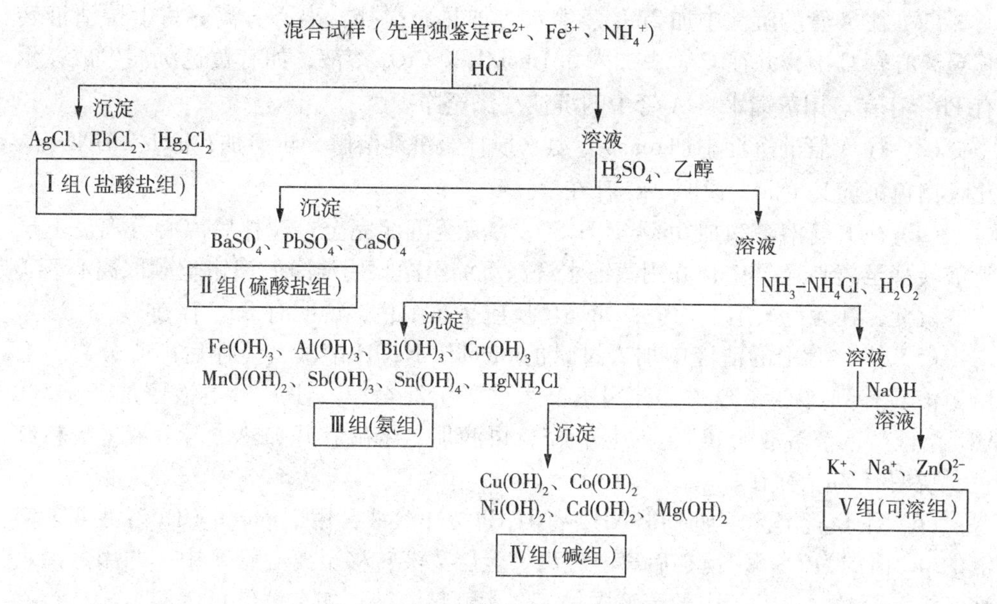

图4－1　两酸两碱分析法分组方案

非金属元素通常以阴离子的形式存在，大多数情况下阴离子分析中彼此干扰较小，因此阴离子分析一般都采用分别分析(不经过系统分离，直接检出离子)的方法。

三、仪器和药品

1. 仪器与材料

无机化学实验常用玻璃及其他器皿1套　　镍铬丝

2. 药品

HCl(6mol/L、2mol/L)	H_2SO_4(6mol/L)	HNO_3(6mol/L)
NaOH(6mol/L)	$NH_3 \cdot H_2O$(6mol/L)	NH_3-NH_4Cl 缓冲溶液（pH＝10)
K_2CrO_4(0.1mol/L)	$Cu(NO_3)_2$(0.1 mol/L)	$Zn(NO_3)_2$(0.1mol/L)
$AgNO_3$(0.1mol/L)	$Ba(NO_3)_2$(0.1mol/L)	$Pb(NO_3)_2$(0.1mol/L)
KSCN(0.1mol/L)	$Fe(NO_3)_3$(0.1mol/L)	$Ni(NO_3)_2$(0.1mol/L)
丁二肟酒精溶液(1%)	二苯硫腙	钼酸铵试剂

未知混合液(含Ag^+，Fe^{3+}，Zn^{2+}，Ba^{2+}，Cu^{2+}，Pb^{2+}，Ni^{2+}离子3～4中，由教师配制)

四、实验内容

1. Ag^+，Fe^{3+}，Zn^{2+}，Ba^{2+}，Cu^{2+}，Pb^{2+}，Ni^{2+}混合离子分离与鉴定

(1) 取未知试样约2mL于离心管A中，逐渐往A管中滴加6mol/L HCl，并不断地震荡离心管，直到沉淀完全，离心分离。将上层清液转移至离心管B中，并用蒸馏水洗涤沉淀至净。

(2) 往 A 管的沉淀中加 2mL 蒸馏水，加热并搅拌，离心分离。将上层清液转移至离心管 C 中，并往 C 管中加入 0.1mol/L K_2CrO_4 溶液，如有黄色沉淀生成，示有 Pb^{2+} 存在。用蒸馏水将 A 管中的沉淀洗涤至净。

(3) 往 A 管的沉淀中加 6mol/L 氨水搅拌至沉淀溶解，再滴加 6 mol/L HNO_3 酸化，白色沉淀又生成，说明 Ag^+ 存在。

(4) 往 B 管溶液滴加 6mol/L H_2SO_4 溶液至沉淀完全，搅拌后离心分离。上层清液转移至离心管 D 中，并用蒸馏水洗涤沉淀至净。用洁净的镍铬丝蘸取离心管 B 中的沉淀，在无色火焰上灼烧，如焰色反应呈黄绿色，说明有 Ba^{2+} 存在。

(5) 往 D 管中的清液中加入过量的 6mol/L NaOH 溶液，搅拌后离心分离，上层清液转移到离心管 E 中，并用蒸馏水洗涤沉淀至净。往 E 管清液中加 2 mol/L HCl 溶液，调节溶液的 pH 值约为 4～5，再滴加二苯硫腙并加热，若溶液呈现粉红色，说明有 Zn^{2+} 存在。

(6) 往 D 管沉淀中加 1mL NH_3-NH_4Cl 缓冲溶液，用 2 mol/L HCl 溶液调节溶液的 pH 值约为 7～8，搅拌后离心分离，上层清液转移至离心管 F 中，并用蒸馏水洗涤沉淀至净。往 F 管中的清液中加丁二肟酒精溶液，如有鲜红色沉淀生成，示有 Ni^{2+} 存在。

(7) 往 D 管沉淀中滴加 2mol/L HCl 溶液使沉淀溶解，再加 0.1mol/L KSCN 溶液，如出现血红色，示有 Fe^{3+} 存在。

2. SO_4^{2-}、PO_4^{2-} 和 Cl^- 混合离子的鉴定

(1) SO_4^{2-} 的鉴定　取 5 滴未知试样于离心管中，用 6mol/L HNO_3 酸化后滴加 0.1mol/L $Ba(NO_3)_2$ 溶液，有白色沉淀生成，示有 SO_4^{2-} 离子存在。

(2) PO_4^{2-} 的鉴定　取 5 滴未知试样于离心管中，用 6 mol/L HNO_3 酸化后滴加 8 滴钼酸铵试剂，微热，有黄色沉淀生成，示有 PO_4^{2-} 离子存在。

(3) Cl^- 的鉴定　取 5 滴未知试样于离心管中，用 6mol/L HNO_3 酸化后，滴加 0.1mol/L $AgNO_3$ 溶液，析出白色沉淀。加热沉淀 2min，离心分离，弃去清液，往沉淀中加 6mol/L 氨水搅拌至沉淀溶解，再滴加 6mol/L HNO_3 酸化，白色沉淀又生成，示有 Cl^- 离子存在。

3. 其他未知试液的分离与鉴定

实验室提供可能含有 Ag^+，Fe^{3+}，Zn^{2+}，Ba^{2+}，Cu^{2+}，Pb^{2+}，Ni^{2+} 离子中任意 3～4 种离子的混合溶液，自行设计方案进行分离与鉴定。

五、思考题

(1) 当溶液中含有 NH_4^+，Fe^{3+} 和 Fe^{2+} 时，为什么要首先单独鉴定它们？

(2) 鉴定 Cu^{2+} 时，Fe^{3+} 的存在往往对鉴定有干扰，如何除去？

(3) 鉴定 SO_4^{2-} 时，如何除去 SO_3^{2-}，$S_2O_3^{2-}$ 和 CO_3^{2-} 的干扰？

(4) 若未知试液呈现碱性，哪些阳离子可能不存在？

第5章 定量化学分析

5.1 电子天平与试样的称量方法

5.1.1 天平的种类

分析天平是定量化学分析实验中最主要、最常用的仪器之一。常用的分析天平可按结构和精度来分类。

从天平构造原理来分类，分析天平可分为杠杆天平和电子天平。

(1)杠杆天平。实验室常用的杠杆天平分为等臂双盘天平和不等臂单盘天平，它们一般都有光学读数装置，又称为电光分析天平。

等臂双盘天平还可以再分为摇摆天平和阻尼天平(有阻尼器)。按加码器加码范围，分部分机械加码和全部机械加码(或称半自动加码和全自动加码)，后者加码器易发生故障。双盘天平的缺点是天平的两臂理论上长度应相等，实际上存在不等臂性误差，空载和实载灵敏度不同，操作麻烦。不等臂单盘天平采用全量机械减码，操作简便，称量速度快，性能稳定。

目前，电子天平基本替代了杠杆天平，本书将主要介绍电子天平。

(2)电子天平。电子天平依据电磁力平衡的原理，没有刀口刀承，无机械磨损，全部数字显示，称量快速，只需几秒钟就可显示称量结果。电子天平连接计算机和打印机后，可具有多种功能。

电光分析天平从精度来分类，通常分为10级。一级天平精度最好，十级最差。在常量分析中，使用最多的是最大载荷为100~200g的分析天平，属于三至四级。在半微量和微量分析中，常用最大载荷为20~30g的一至三级分析天平。

电子天平按精度可分为以下几类：超微量电子天平、微量天平、半微量天平、常量电子天平、分析天平、精密电子天平。电子分析天平是常量天平、半微量天平、微量天平和超微量天平的总称。

5.1.2 电子分析天平

1. 基本结构与称量原理

应用现代电子控制技术进行称量的天平称为电子天平。各种电子天平的控制方式和电路结构不相同，但其称量的依据都是电磁力平衡原理。现以MD系列电子天平为例说明其称量原理。

把通电导线放在磁场中时，导线将产生电磁力，力的方向可以用左手定则来判定。当磁场强度不变时，力的大小与流过线圈的电流强度成正比。如果使重物的重力方向向下，电磁力的方向向上，与之相平衡，则通过导线的电流与被称物体的质量成正比。

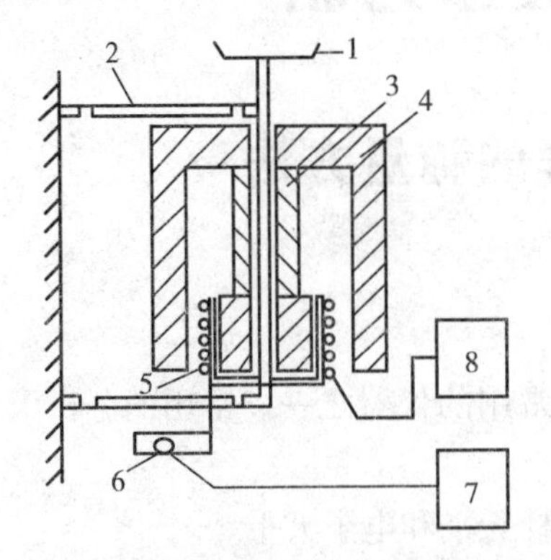

图 5－1　3MD 系列电子天平结构示意图
1—秤盘；2—簧片；3—磁钢；4—磁回路体；
5—线圈及线圈架；6—位移传感器；
7—放大器；8—电流控制电路

电子天平结构示意图，见图 5－1。秤盘通过支架连杆与线圈相连，线圈置于磁场中。秤盘及被称物体的重力通过连杆支架作用于线圈上，方向向下。线圈内有电流通过，产生一个向上作用的电磁力，与秤盘重力方向相反，大小相等。位移传感器处于预定的中心位置，当秤盘上的物体质量发生变化时，位移传感器检出位移信号，经调节器和放大器改变线圈的电流直至线圈回到中心位置为止。通过数字显示出物体的质量。

2. 安装和使用

赛多利斯（BS）/BT224S 型电子天平是上皿式常量分析天平，最大载荷 220g，感量 0.1mg，图 5－2 是这种天平的外形图，现以其为例，介绍电子天平的安装和使用。

（1）安装　拆箱后，去除一切包装，取出风罩内缓冲海绵，依次装上屏蔽环、称量支架和称盘。将天平置于稳定的工作台上，避免振动、阳光照射和气流。

（2）使用方法

①天平在使用前观察水平仪，如水平仪水泡偏移，需调整水平调节脚，使水泡位于水平仪中心。

②选择合适电源电压，接通电源，在初次接通电源或长时间断电之后，应使天平至少预热 30min。

③按开关键Ⓘ⓪后，天平进行全屏自检，当显示器显示 0.0000g 时自检结束，此时，天平工作准备就绪。注意，在显示屏右上方显示“°”（显示屏如▭），表示 OFF，即天平曾经断电（重新接通或断电时间长于 3s）；在显示屏左下方显示“。”（显示屏如▭），表示天平处于待机状态（也就是显示器已通过Ⓘ⓪键关断，天平处于工作准备状态，一旦接通，天平便可立刻工作，而不必经过预热过程）；在显示屏上显示“◊”（显示屏如▭），表示天平正在工作。若要较长时间不使用天平，应拔去电源线。

④天平的调整校正。因存放时间较长，位置移动，环境变化或为获得精确测量，天平在使用前一般都应进行调整校正操作。调整校正按说明书进行。

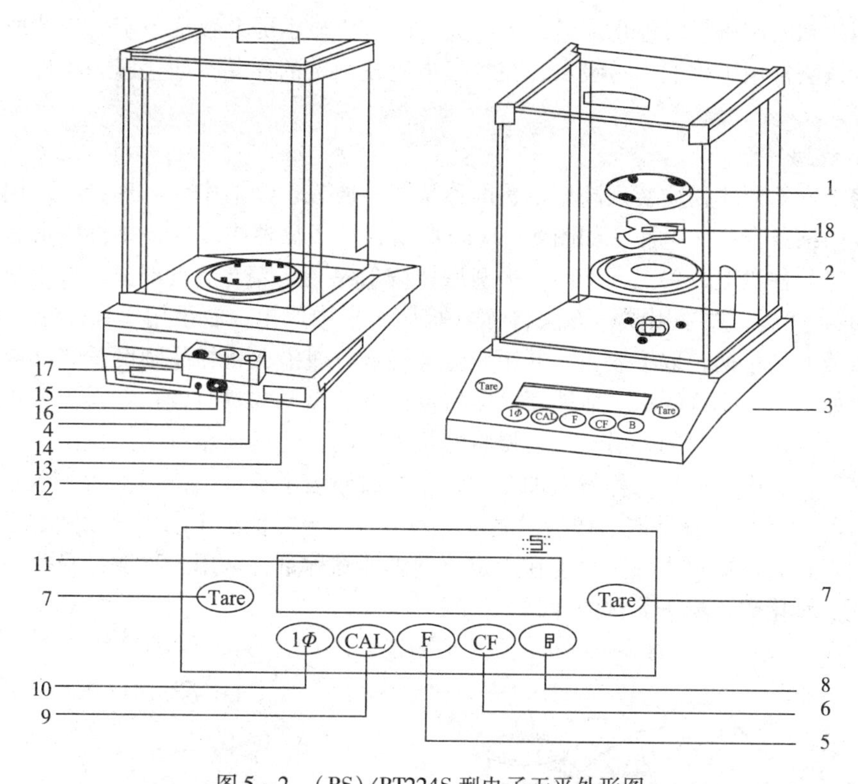

图 5－2　(BS)/BT224S 型电子天平外形图

1—称盘；2—屏蔽环；3—地脚螺栓；4—水平仪；5—功能键
6—CF 清除键；7—除皮键；8—打印键(数据输出)；9—调校建
10—开关键；11—显示器；12—CMC 标签；13—具有CE标记的型号牌；14—防盗装置；
15—菜单—去联锁开关；16—电源接口；17—数据接口；18—称盘支架

⑤轻触按键，能实行多键盘控制。Tare 表示清零、去皮键；CAL 表示调校键；F 表示功能键；CF 表示消除键。

⑥称量操作时，按 Tare 键，显示为零后，置被称物于称盘，关闭天平门，待数字稳定并出现质量单位“g”时的数字，即为被称物的质量值。若要去除皮重，可将容器置于称盘上，此时显示容器质量，按 Tare 键，显示零，即去皮重。再将被称物置于容器中，这时显示的是被称物的净重。

⑦称量完毕，取出被称物，如果不久还要继续称量，可使天平处于待机状态；若较长时间不再用天平，应按开关键，拔掉电源插头，盖上防尘罩。

5.1.3　试样的称量方法

1. 直接称量法

将洁净干燥的器皿轻轻地放在天平的秤盘上，关上天平门，待显示屏上数字稳定后，按 Tare 键，去皮重。然后打开天平门，缓慢地往器皿中加入试样并观察显示屏，当达到所需质量时停止加样，关上天平门，待显示屏上数字稳定后，读取称量数据。该法常用于称取不易吸水，在空气中比较稳定的样品，如金属、矿样、基准物质等。

2. 递减称量法

将干燥的固体物质装入高型带盖的称量瓶，放入干燥器中。需称量时，用干净及干燥的纸条套住称量瓶，如图5－3(a)所示，从干燥器中取出，并将称量瓶直接放在清零的秤盘上，关上天平门，平衡后，按Tare键，清零，此时显示屏上显示为0.0000g。然后，左手用同样方法将称量瓶从天平中取出，右手用干燥小纸条套上称量瓶盖上的小柄，取下瓶盖，并用瓶盖轻轻敲打瓶沿，将样品倾倒进烧杯或锥形瓶中，如图5－3(b)所示。估计倾出样品量接近所需要的量时，在容器上方边用瓶塞轻轻敲打称量瓶口的外沿，边慢慢将称量瓶竖起，使粘在瓶口的试样回到瓶内或落入接受容器内，然后将称量瓶加盖后，重新放回天平盘上，待平衡后，显示屏上数值(即绝对值)，就是倒出样品的质量。若显示屏上数值小于期望值，则重复上述过程，直到满足要求，该法只能在一定范围内准确称量，常用于称取易吸收空气中水分或二氧化碳，易于氧化的样品。

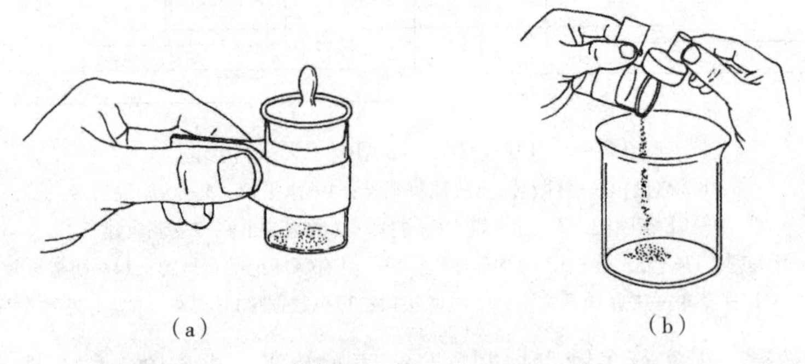

图5－3　试样的称量

3. 液体样品的称量

对于不易挥发的液态样品，可采用直接称量法或递减称量法称取，只是要用滴管加入，且在一定范围内准确称量。对于易挥发的液态样品，只能用递减称量法称取，且接受液体的器皿应为长颈带塞细口瓶，每次移入液体后要塞紧塞子。

5.1.4　使用电子天平注意事项

(1)电子天平的重力电磁传感器簧片细而薄，极易受损，所以在放置被称量物时动作要轻，且称量物不能超过天平的最大载荷，绝对不能用手压秤盘。

(2)电子天平的自重较轻，受到撞击容易移动，从而可能改变水平，影响称量结果的准确性，因此在开启天平门及取放被称物时，动作一定要轻、缓，并时常检查天平的水平。

(3)环境因素的改变可能会影响到天平的示值，因此要保持天平周围环境的稳定。

5.1.5　称量误差主要来源

(1)被称物(容器或试样)在称量过程中的条件发生变化。

①被称容器表面的湿度变化。烘干的称量瓶、灼烧过的坩埚等一般放在干燥器内冷却到室温后进行称量，它们暴露在空气中会因吸湿而使质量增加，空气湿度不同，吸附的水分不同，故称量试样要求速度要快。

②试样能吸附或放出水分，或具有挥发性，使称量质量改变，灼烧产物都有吸湿性，应盖上坩埚盖称量。

③被称物温度与天平温度不一致。如果被称物温度较高，能引起天平臂不同程度的膨胀，且有上升的热气流，使称量结果小于真实值。应将烘干或灼烧过的器皿在干燥器中冷却至室温后称量，但在干燥器中不是绝对不吸附水分，因此坩埚等应保持相同的冷却时间后称量才易于恒重。

(2)天平不准确带来的误差。天平应定期调整校正(至多1年以内)，方法见有关规程。

(3)称量操作不当是初学者称量误差的主要来源。

(4)环境因素的影响。震动、气流、天平室温度太低或温度波动大等，均使天平变动性增大。

(5)空气浮力的影响。在精密的称量中要进行浮力校正，一般工作忽略此项误差。

5.2　滴定分析的操作技能

5.2.1　滴定管及其使用

滴定管是滴定分析中最基本的量器。常量分析用的滴定管有50mL及25mL等几种规格，它们的最小分度值为0.1mL，读数可估计到0.01mL。此外，还有容积为10mL、5mL、2mL、1mL的半微量和微量滴定管，最小分度制为0.05mL，0.01mL，0.005mL，形状各异。

根据控制溶液流出的装置不同，滴定管可分为酸式和碱式两种。酸式滴定管的下端装有玻璃活塞，用来盛放酸性或具有氧化性溶液。碱式滴定管的下端用乳胶管连接一个小玻璃管，乳胶管内有一玻璃珠，用以控制溶液的流出。碱式管用来装碱性溶液和无氧化性溶液。

1. 洗涤与检漏

对无明显油物的干净滴定管，可直接用自来水冲洗或用滴定管刷蘸肥皂水或洗涤剂(但不能用去污粉)刷洗，用自来水冲洗，再用去离子水润洗三遍，洗净后的管内壁应均匀地润上一层水膜而不挂水珠。使用前必须检查滴定管是否漏水。碱式管漏水可更换乳胶管或玻璃珠；酸式管漏水或活塞转动不灵，则应重新涂抹凡士林。其方法是：将滴定管平放于实验台上，取下活塞，用吸水纸擦净或拭干活塞及活塞套，在活塞两侧涂上薄薄一层凡士林，再将活塞平行插入活塞套中，单方向转动活塞，直至活塞转动灵活且外观为均匀透明状态为止，如图 5 – 4 所示。用橡皮圈套在活塞小头一端的凹槽上，固定活塞，以免其滑落打碎。

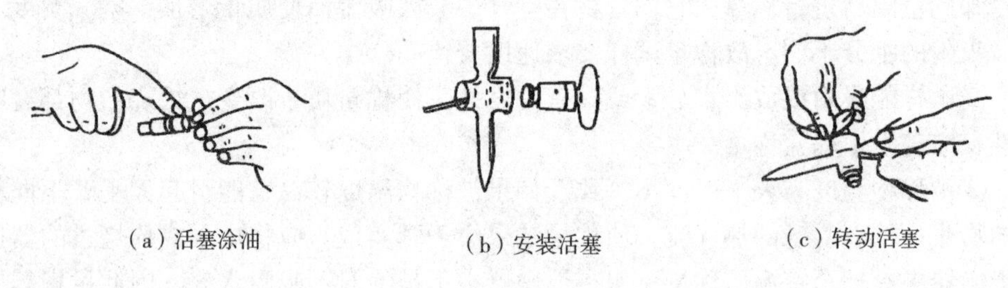

（a）活塞涂油　（b）安装活塞　（c）转动活塞

图 5 – 4　酸式滴定管活塞涂油

2. 装溶液和赶气泡

洗净后的滴定管在装液前，应先用待装溶液润洗内壁三次，用量依次为 10mL、5mL、5mL 左右。装入溶液的滴定管，应检查出口下端是否有气泡，如有应及时排除。其方法是：取下滴定管，倾斜成 30°角，对酸试管，可用手迅速打开活塞(反复多次)，使溶液冲出并带走气泡；对碱式管，则将橡皮管向上弯曲，捏起乳胶管使溶液从管口喷出，即可排除气泡，如图 5 – 5 所示。将排除气泡后的滴定管补加操作溶液到零刻度以上，然后再调整至零刻度线位置。

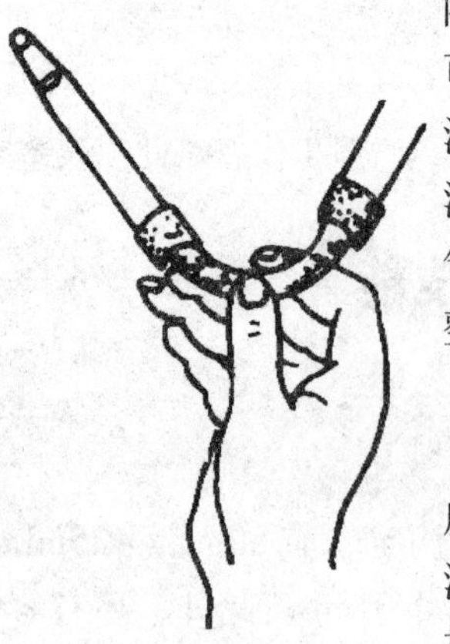

图 5 – 5　碱式滴定管排气泡

3. 读数

读数前，滴定管应垂直静置 1min。读数时，管内壁应无液珠，管出口的尖嘴内应无气泡，尖嘴外应不挂液滴，否则读数不准。读数方法是：取下滴定管用右手大拇指和食指捏住滴定管上部无刻度处，使滴定管保持垂直。并使自己的视线与所读的液面处于同一水平上，如图 5 – 6(a)所示。不同的滴定管读数方法略有不同。对无色或浅色溶液，有乳白板蓝线衬背的滴定管读数应以两弯月面相交的最尖部分为准，如图 5 – 6(b)所示。一般滴定管应读取弯月面最低点所对应的刻度。对深色溶液，则一律按液面两侧最高点相切处读取。

对初学者，可使用读数卡，以使弯月面更清晰。读数卡是用贴有黑纸或涂有黑色的长方形(约 3cm × 15cm)的白纸板制成。读数卡紧贴在滴定管的后面，把黑色部分放在弯月面下面约 1mm 处，使弯月面的反射层全部成为黑色，读取黑色弯月面的最低点，如图 5 – 6(c)所示。

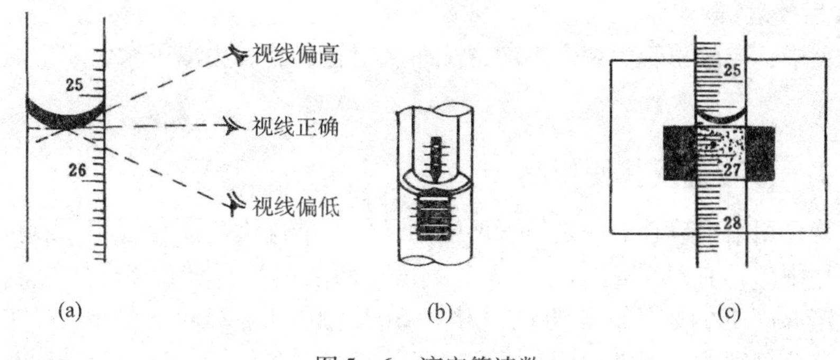

图5-6　滴定管读数

4. 滴定过程

读取初读数之后，立即将滴定管下端插入锥形瓶(或烧杯)口内约1cm处，进行滴定。操作酸式滴定管时，左手拇指与食指跨握滴定管的活塞处，与中指一起控制活塞的转动，如图5-7(a)所示。但应注意，不要过于紧张，手心用力以免将活塞从大头推出造成漏水，而应将三手指略向手心回力，以塞紧活塞。操作碱式滴定管时，用左手的拇指与食指捏住玻璃珠外侧的乳胶管向外捏，形成一条缝隙，溶液即可流出，如图5-7(b)所示。滴定时，还应双手配合协调。当左手控制流速时，右手拿住锥型瓶颈，单方向旋转溶液。若用烧杯滴定，则右手持玻璃棒作圆周搅拌溶液，注意玻璃棒不要碰到杯壁和杯底，如图5-8所示。

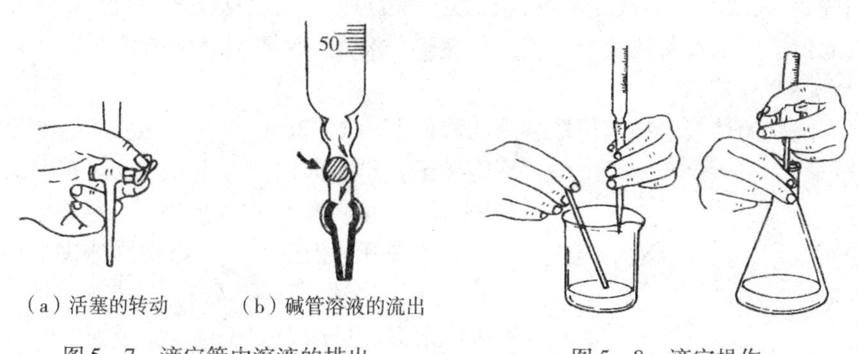

图5-7　滴定管中溶液的排出　　图5-8　滴定操作

5. 滴定速度

滴定时速度的控制一般为开始时每秒3~4滴；接近终点时，应一滴一滴加入，并不停的摇动，仔细观察溶液的颜色变化；也可每次加半滴(滴加溶液时，控制溶液悬而不滴，让其沿器壁流入容器，再用少量去离子水冲洗内壁，并摇均匀)，仔细观察溶液的颜色变化，直至滴定终点为止。读取终读数，立即记录。

注意：在滴定过程中左手不应离开滴定管，以防流速失控。

6. 平行实验

平行滴定时，应该每次都将初刻度调整到"0"刻度或其附近，这样可减少滴定管刻度的系统误差。

7. 最后整理

滴定完毕，应放出管中剩余溶液，洗净滴定管，装满去离子水，罩上滴定管盖备用。

5.2.2 移液管及其使用

移液管是用来准确移取一定体积溶液的量器，准确度与滴定管相当。移液管有两种，一种中部具有“胖肚”结构，无分刻度，两端细长，只有环行标线，“胖肚”上标有指定温度下的容积。常见的规格为5mL、10mL、25mL、50mL、100mL等；另一种是有分刻度的直型玻璃管，又称吸量管或刻度吸量管，管的上端标有指定温度下的总体积。吸量管的容积有1mL、2mL、5mL、10mL等，可用来吸取不同容积的溶液，一般只量取小体积的溶液，其准确度比“胖肚”移液管稍差。

1. 洗涤

移液管使用前也要进行洗涤。洗涤时，先用适当规格的移液管刷，用自来水清洗，若有油污可用洗液洗涤。方法是吸入1/3容积铬酸洗液，平放并转动移液管，使洗液润洗内壁，洗毕将洗液放回原瓶，稍后用自来水冲洗，再用去离子水清洗2~3次备用。

2. 润洗

洗净后的移液管，在移液前必须用吸水纸吸净尖端内、外的残留水，然后用待取液润洗2~3次，以防改变溶液的浓度。洗涤时，当溶液吸至“胖肚”1/4处，即可封口取出。应注意勿使溶液回流，以免稀释溶液。润洗后将溶液从下端放出。

3. 移液

将润洗好的移液管插入待取溶液的液面下约1~2cm处(不能太浅以免吸空，也不能插至容器底部以免吸起沉渣)，右手的拇指与中指拿住移液管标线以上部分，左手拿起洗耳球，排出洗耳球内的空气，将洗耳球尖端插入移液管上端，并封紧移液管口，逐步松开洗耳球，以吸取溶液，见图5-9(a)。当液面上升至标线以上时，拿掉洗耳球，立即用食指堵上管口，将移液管提出液面，倾斜容器，稍待片刻，以除去管外壁的溶液，然后微微松动食指，并用拇指和中指慢慢转动移液管，使液面缓慢下降，直到溶液的弯月面与标线相切。此时，应用食指按紧管口，使液体不再流出。小心把移液管移入接受溶液的容器，使移液管的下端与容器内壁上端接触，见图5-9(b)。松开食指，让溶液自由流下，当溶液流尽后，再停15s，并将移液管向左

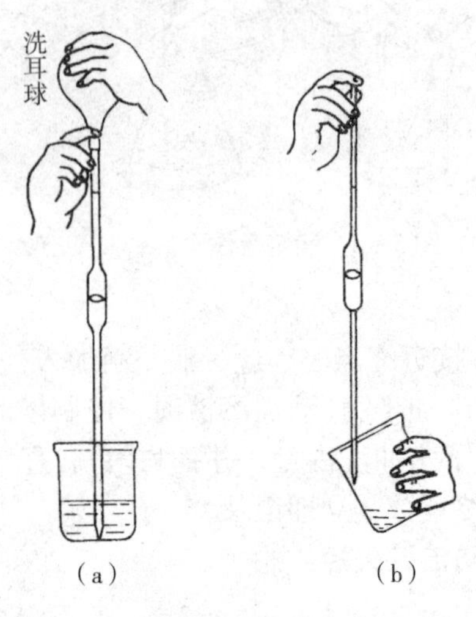

图5-9 移液管的使用

右转动一下，取出移液管。

注意：除标有“吹”字样移液管外，不要把残留在管尖的液体吹出，因为在校准移液管容积时，没有算上这部分液体。

5.2.3　容量瓶及其使用

在配置标准溶液或将溶液稀释至一定浓度时，我们往往要使用容量瓶。容量瓶的外型是一平底、细颈梨型瓶，瓶口带有磨口玻璃塞或塑料塞。颈上有环型标线，瓶体标有体积，一般表示 20℃时液体充满至刻度时的容积。常见的有 10mL、25mL、50mL、100mL、250mL、500mL 和 1000mL 等各种规格。此外还有 1mL、2mL、5mL 的小容量瓶，但用的较少。

1. 检查

使用容量瓶前应先检查其标线是否离瓶口太近，如果太近则不利于溶液混合，故不宜使用。另外还必须检查瓶口是否漏水。检查时加自来水近刻度，盖好瓶塞用左手食指按住，同时用右手五指托住瓶底边沿(如图 5－10 所示)，将瓶倒立 2min，如不漏水 ，将瓶直立，把瓶塞转动 180°，再倒立 2min，若仍不漏水即可使用。

2. 洗涤

可先用自来水冲洗，洗后，如内壁有油污，则应倒尽残水，加入适量的铬酸洗液(250mL 规格的容量瓶可倒入 10～20mL)，倾斜转动，使洗液充分润洗内壁，再倒回原洗液瓶中，用自来水冲洗干净后，再用离子水润洗 2～3 次备用。

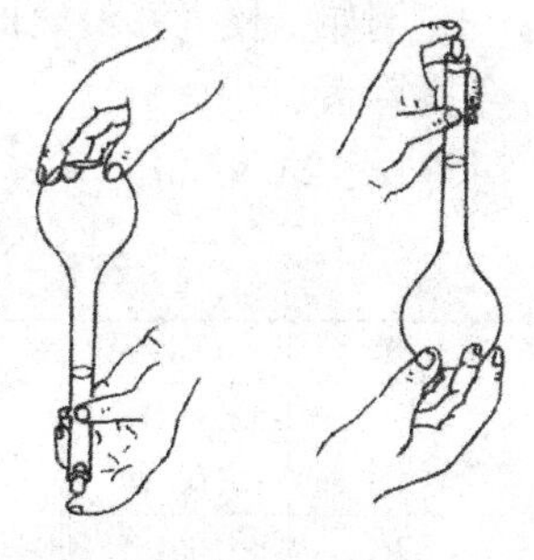

图 5－10　容量瓶的检查

3. 用于配制溶液

将准确称量好的药品，倒入干净的小烧杯中，加入少量溶剂将其完全溶解后再转移至容量瓶中。

注意：如使用非水溶剂则小烧杯及容量瓶都应事先用该溶剂润洗 2～3 次。

4. 用于稀释溶液

用移液管移取一定量体积的浓溶液于容量瓶中，加水至标线，混均匀即可。

5. 注意事项

容量瓶不宜长期储存试剂，配好的溶液需要长期保存时，应转入试剂瓶中。转移前要用该溶液润洗试剂瓶三遍。

5.2.4　容量器皿的校准

容量器皿的实际容积与其所标示的容积往往不完全相符，而且通常的容器校正以 20℃为标准，但使用时的温度不一定是 20℃，温度改变时，容器的容积及溶液的体积都将发生改变，因此，精密分析时需进行容量器皿的校准。

容器校准时，根据具体情况可采用相对校准和称量校准。

1. 相对校准

在实际工作中，容量瓶和移液管常常是配合使用的。例如，要用25mL移液管从250mL容量瓶中取1/10容积的液体，则移液管与容量瓶的容积比只要1∶10就行了。此时，可采用相对校准的方法。其步骤如下：使用移液管准确移取25mL去离子水，放入已洗净、干燥的250mL容量瓶中。重复移取10次后，观察溶液的弯月面是否与标准线正好相切，否则，应另作一标号。相对校准后的容量瓶和移液管，应贴上标签，以便以后更好地配套使用。

2. 称量校准

滴定管、容量瓶、移液管的实际容积往往采用称量校准方法。原理为称取量器中所放出或所容纳H_2O的质量。根据该温度下H_2O的密度，计算出该量器在20℃（玻璃量器的标准温度）时的容积。但是，由质量换算成容积时必须考虑H_2O的密度、空气浮力、玻璃的膨胀系数三个方面的影响。为了方便起见，表5－1列出了三个因素综合校准后的换算系数。根据表中换算系数(f)，用下式即可算出某一温度(t)下一定质量(m)的纯H_2O在20℃时所占的实际容积(V)：

$$V = \mathrm{f} \cdot m$$

例如，校准移液管时，在15℃称得纯H_2O质量为24.94g，查表得15℃时的综合换算系数为1.0021，由此算得它在20℃时的实际体积为：$V = 1.0021\text{mL/g} \times 24.94\text{g} = 24.99\text{mL}$

表5－1　在不同温度下纯H_2O体积的综合换算系数(f)

t/℃	f/(mL/g)	t/℃	f/(mL/g)	t/℃	f/(mL/g)	t/℃	f/(mL/g)
0	1.00176	11	1.00168	21	1.00301	31	1.00535
1	1.00168	12	1.00177	22	1.00321	32	1.00569
2	1.00161	13	1.00186	23	1.00341	33	1.00599
3	1.00156	14	1.00196	24	1.00363	34	1.00629
4	1.00152	15	1.00207	25	1.00385	35	1.00660
5	1.00150	16	1.00221	26	1.00409	36	1.00693
6	1.00149	17	1.00234	27	1.00433	37	1.00725
7	1.00150	18	1.00249	28	1.00458	38	1.00760
8	1.00152	19	1.00265	29	1.00484	39	1.00794
9	1.00156	20	1.00283	30	1.00512	40	1.00830
10	1.00161						

注：f为不同温度下用纯H_2O充满1L(20℃)玻璃容器时H_2O质量的0.1%倒数，其中1L＝1.000028dm^3。

5.3　重量分析的操作技能

重量分析法一般是先将待测组分从试样中分离出来，转化成一定量的称量形式，然后，用称量的方法测定该组分的质量，从而计算出待测组分含量的方法。由于试样中待测组分性质不同，采用的分离方法也不同。按其分离的方法不同，重量分析可分为沉淀法、挥发法和萃取法。

5.3.1　样品的溶解

首先准备好洁净的烧杯，配好合适的玻璃棒和表面皿。玻璃棒的长度应比烧杯高5~7cm，但不要太长，表面皿的直径应略大于烧杯口直径。然后称取样品于烧杯中，用表面皿盖好烧杯。

有些样品在溶解过程中需加热时，可在电炉或煤气灯上进行。但一般只能让其微热或微沸溶解。

5.3.2　沉淀

对于晶形沉淀需按照“稀、热、慢、搅、陈”的操作方法进行沉淀，即：沉淀的溶液应要稀，沉淀时应将溶液加热，沉淀速度要慢，同时应搅拌，沉淀完全后，应放置过夜或在水浴锅上加热一小时左右，使沉淀陈化。

沉淀后应检查沉淀是否完全。方法是：待沉淀下沉后，滴加少量沉淀剂于上层清液中观察是否出现浑浊。若有浑浊，说明没有沉淀完全，应再加入适量的沉淀剂继续沉淀；若无浑浊，说明沉淀完全，可结束沉淀操作。

对于非晶形沉淀，宜用较浓的沉淀剂溶液，加入沉淀剂和搅拌的速度均快些，沉淀完全后要用去离子水稀释，不必放置陈化，有时还需加入电解质等。

5.3.3　沉淀的过滤和洗涤

重量分析法使用的定量滤纸，每张滤纸的灰分质量约为0.08mg，与称量误差相比可以忽略，因而定量滤纸也称无灰滤纸。按照滤纸孔隙的大小，定量滤纸又可分为快速、中速和慢速三个类型，应根据实际需要加以选用。

沉淀的过滤和洗涤在第二章无机物的制备、分离和提纯中第四节分离与干燥中已经介绍过，这里不再赘述。

5.3.4　沉淀的干燥和灼烧

1. 干燥器的准备和使用

首先将干燥器擦干净，烘干多孔瓷板后，将干燥剂通过一纸筒装入干燥器的底部，应避免干燥剂沾污内壁的上部，然后盖上瓷板。再在磨口上涂上凡士林油，盖上干燥器盖。

干燥剂一般选用变色硅胶。此外还可以用无水 $CaCl_2$ 等。由于各种干燥剂吸收水分的能力都是有一定限度的，因此干燥器中的空气并不是绝对干燥，而只是湿度相对降低而已。所以灼烧和干燥后的坩埚和沉淀，如在干燥器中放置过久，可能会吸收少量水分而使质量增加。

2. 坩埚的准备

灼烧沉淀常用瓷坩埚。使用前需用稀盐酸等溶剂洗净、晾干或烘干，用蓝黑墨水或 $K_4Fe[CN]_6$ 溶液在坩埚和盖上编号，然后将其放入高温炉中灼烧(800℃左右)。第一次灼烧半小时，取出稍冷后，转入干燥器中冷至室温，称量。然后进行第二次灼烧，约20min，稍冷后，再转入干燥器中，冷至室温，再称量。如此重复灼烧，直到连续两次称重，质量相差不大于0.2mg，此时认为坩埚已达到恒重。

图5－11　沉淀的包裹

3. 沉淀和滤纸的烘干

欲从漏斗中取出沉淀和滤纸时，应用扁头玻璃棒将滤纸边挑起，向中间折叠，使其将沉淀盖住，如图5－11所示。再用玻璃棒轻轻转动滤纸包，以便擦净漏斗内壁可能粘有的沉淀。然后将滤纸包转移至已恒重的坩埚中，使它倾斜放置，滤纸包的尖端朝上。然后对沉淀和滤纸进行烘干。

4. 滤纸的炭化和灰化

滤纸和沉淀干燥后(这时滤纸只是被干燥，而不变黑)，将火焰逐渐加大，炭化滤纸。

5. 沉淀的灼烧与称量

沉淀和滤纸灰化后，将坩埚移入高温炉中(根据沉淀性质调节适当温度)，盖上坩埚盖，但留有空隙。在与灼烧坩埚时相同温度下，灼烧40～45min，取出。放入干燥器中冷至室温，称量。然后进行第二次，第三次灼烧，直至坩埚和沉淀恒重为止。一般第二次以后的灼烧20min即可。

从高温炉中取出坩埚时，将坩埚移至炉口，至红热稍退后，再将坩埚从炉中取出放在洁净瓷板上。在夹取坩埚时，坩埚钳应预热。待坩埚冷至红热退去后，再将坩埚转至干燥器中，盖好盖子，随后需启动干燥器盖1～2次。

在干燥器冷却时，原则是冷却到室温，一般需30min以上。但要注意，每次灼烧，称量和放置的时间，都要保持一致。

5.4　定量化学分析的一般步骤

定量化学分析的任务是准确测定组分在试样中的含量，一般需通过取样、试样的预处理、测定过程和分析结果的计算这四大步骤来完成。

5.4.1　取样

用来进行分析的物质，在组成和含量上应具有代表性，能代表被分析的总体。试样可以是固体、液体和气体。取样必须合理，这样分析结果才准确可靠。

5.4.2　试样的预处理

试样的分解和预分离富集。定量分析一般采用湿法分析，即将试样分解后制成溶液，然后测定。分解时要注意使试样分解完全，分解过程中待测组分不损失，避免引入干扰组分，通常选用的分解方法有酸溶法、碱溶法、熔融法等。

对于组分比较复杂的试样，测定时各组分之间往往发生互相干扰，从而影响分析结果的准确性。因此需要采用适当的方法来消除干扰。控制分析条件或采用掩蔽剂是简单而有效的方法，但很多情况下并不能完全消除干扰，而必须将待测组分与干扰组分分离后才能进行测定。常用到分离和富集方法。

5.4.3　测定过程

根据试样的性质和分析要求选择合适的方法进行测定。对于准确度要求较高的标准物质和成品分析，选用标准分析方法如国家标准或行业标准；对于要求快速简便的生产过程的中间控制与分析，选用在线分析；对常量组分的测定采用化学分析法；对于微量组分的测定应采用高灵敏度的仪器分析法。

5.4.4　分析结果的计算

根据测定的相关数据计算出待测组分的含量，并对分析结果的可靠性进行分析，最后得出结论。

实验十五　酸碱标准溶液的配制及浓度比较

一、实验目的

(1)练习滴定分析操作技术，初步掌握准确确定终点的方法。

(2)学会正确的使用酚酞、甲基橙指示剂判断滴定终点。

(3)学会滴定分析数据的记录与处理方法。

二、实验原理

浓盐酸易挥发，固体氢氧化钠易吸收空气中水分和二氧化碳，因此不能直接配制成准确浓度的标准溶液，只能先配制近似浓度的溶液，然后用基准物质标定其准确浓度。

酸碱指示剂具有一定的变色范围。强酸与强碱的滴定反应，突跃范围 pH 值约为 4 ~ 10，在这一范围内可采用甲基橙(变色范围值 pH 为 3.1 ~ 4.4)、酚酞(变色范围 pH 值为 8.0 ~ 10.0)、甲基红(变色范围 pH 值为 4.4 ~ 6.2)等指示剂来指示反应的终点。

三、仪器与药品

1. 仪器

分析化学实验常用玻璃及其他器皿 1 套(见实验二中表 1 - 8)　电子分析天平

2. 药品

HCl(体积比为 1∶1，实验室用 A. R 级的浓 HCl 配制)

NaOH(固体，A. R 级)　甲基橙水溶液(0.1%)　酚酞乙醇溶液(0.2%)

四、实验内容

1. 酸、碱溶液的配制

(1) 0.2mol/L HCl 溶液。计算配制 800mL 0.2mol/L HCl 溶液需要 1∶1HCl 的体积。用小量筒量取需量的 1∶1HCl，倒入烧杯中，加去离子水稀释至 400mL，储于玻璃塞的细口瓶中，充分摇均。

(2) 0.2mol/L NaOH 溶液。计算配制 800mL 0.2mol/L NaOH 溶液需要固体 NaOH 的量。在天平上迅速称此量的 NaOH，倒入烧杯中，立即去离子加水溶解并稀释至 800mL，储于橡皮塞的细口瓶中，充分摇均。

注意：试剂瓶应贴上标签，注明试剂名称、配制日期、使用者姓名、并留一空位以备填入溶液的准确浓度。长期使用的 NaOH 标准溶液，最好装入下口瓶中，瓶塞上部装一碱石灰管，以吸收空气中的 CO_2。

2. 滴定管的准备

洗涤酸式滴定管和碱式滴定管，特别注意检查是否漏水，然后用约 10mL 去离子水分别润洗滴定管三次，再用约 5 ~ 10mL 待装溶液分别润洗滴定管(注意不要忘记润洗滴定管的管尖部分)，最后，将两滴定管分别装满待装溶液，排出滴定管管尖部分的气泡，调整滴定管液面到零刻度附近，备用；洗涤三只锥形瓶，再用少量的去离子水润洗三次，备用。

3. 酸碱溶液浓度的比较

(1)精确的读出碱式滴定管液面的位置(能读到小数点后几位?)，这个数字作为 NaOH 溶液初读数，记在记录本上。

(2)取一只锥形瓶放在碱式滴定管下面，以 3 ~ 4 滴/s 的速度放出约 25mL NaOH 溶液于锥形瓶，静置 1min 后，精确的读出此时滴定管液面的位置，并作为 NaOH 溶液终读数，记在记录本上。

(3)往 NaOH 溶液加入 1 滴 0.1% 的甲基橙指示剂，先用同样方法读出酸式滴定管中 HCl 溶液的初读数，记录在本上。然后，以 3 ~ 4 滴/s 的速度，用 HCl 溶液滴定至溶液由黄色变橙色。静置 1min 后，精确读出此时酸式管液面的位置，作为终读数，记录在记录本上。

(4)反复滴定几次，记下读数，分别计算消耗的 NaOH 溶液和 HCl 溶液体积，求出体积(V_{NaOH}/V_{HCl})，直到三次测定结果的相对平均偏差在 ±0.1% 之内。

(5)以酚酞为指示剂，用 NaOH 溶液滴定 HCl 溶液，终点由无色变为粉红色，且 30s 不褪色，其他步骤同上。

五、实验数据记录与处理

1. 以甲基橙为指示剂

记录项目 \ 编号			
NaOH 溶液终读数 NaOH 溶液初读数 V_{NaOH}			
HCl 溶液终读数 HCl 溶液初读数 V_{HCl}			
V_{NaOH}/V_{HCl}			
V_{NaOH}/V_{HCl} 平均值			
相对偏差			
平均相对偏差			

2. 以酚酞为指示剂

同上。

六、思考题

(1) 滴定管在装入标准溶液之前为什么必须用待装溶液润洗三次？滴定中使用的锥形瓶是否需要干燥或润洗，为什么？

(2) 为什么不能直接配制准确浓度的 NaOH 和 HCl 标准溶液？

(3) 滴定过程中，往锥形瓶中加入少量的去离子水，对滴定的结果有无影响，为什么？

(4) 用 HCl 标准溶液滴定 NaOH 标准溶液时是否可用酚酞作指示剂？

实验十六　酸碱标准溶液浓度的标定

一、实验目的

(1) 能熟练地使用电子分析天平，掌握用递减称量法准确快速的称取基准物。

(2) 继续练习滴定操作。

(3) 掌握酸碱标准溶液的标定原理与方法。

二、实验原理

1. 碱标准溶液的标定

标定 NaOH 标准溶液可用基准试剂有邻苯二甲酸氢钾、苯甲酸、草酸等，最常用的是邻苯二甲酸氢钾。

$KHC_8H_4O_4$ 基准物容易获得纯品，不吸湿，不含结晶水，容易干燥且相对分子质量大。使用时，一般要在105~110℃下干燥，保存在干燥器中。

$KHC_8H_4O_4$ 基准物标定反应为：

$$KHC_8H_4O_4 + NaOH = KNaC_8H_4O_4 + H_2O$$

该反应是强碱滴定酸式盐，反应产物为 $KNaC_8H_4O_4$，化学计量点时 pH 值为9.26，可选酚酞为指示剂，用标准 NaOH 溶液滴定至溶液呈现粉红色且半分钟不褪色，即为终点，变色很敏锐。

2. 酸标准溶液的标定

标定 HCl 酸标准溶液可用基准试剂无水碳酸钠或硼砂。无水 Na_2CO_3 基准物容易获得纯品且价格便宜，但容易吸收空气中水分，使用前必须在275~280℃下充分干燥，并保存在干燥器中。

Na_2CO_3 基准物标定反应为：

$$Na_2CO_3 + 2HCl = H_2CO_3 + 2NaCl$$

该反应是强酸滴定弱碱，反应产物为 H_2CO_3，化学计量点时 pH 值为3.8~3.9，可选甲基橙为指示剂，由黄色转变为橙色即为终点，但变色不太敏锐。

硼砂($Na_2B_4O_7 \cdot 10H_2O$)基准物容易获得纯品，不吸收水分，但当空气湿度较小时，容易失去结晶水，因此需保存在相对湿度为60%的恒湿器中。

硼砂作为基准物时与盐酸反应为：

$$Na_2B_4O_7 + 2HCl + 5H_2O = 4H_3BO_3 + 2NaCl$$

该反应也是强酸滴定弱碱，反应产物为 H_3BO_3，化学计量点时 pH 值为5.12，可以选甲基红指示剂，由黄色变为浅粉红色即为终点，变色十分敏锐。

NaOH 标准溶液与 HCl 标准溶液的浓度，一般只需标定一种，另一种则通过 NaOH 溶液与 HCl 溶液的体积比计算出。实际标定 NaOH 溶液还是标定 HCl 溶液，要根据使用何种标准溶液测定何种试样而定。原则上，需标定测定时所用的标准溶液，并且标定条件与测定条件应尽可能一致。

三、仪器与试剂

1. 仪器

分析化学实验常用玻璃及其他器皿1套　电子分析天平　干燥箱

2. 试剂

HCl 标准溶液(约为0.2mol/L)　NaOH 标准溶液(约为0.2mol/L)

基准试剂 $KHC_8H_4O_4$(105~110℃下干燥1h)　甲基橙水溶液(0.1%)

基准试剂无水 Na_2CO_3(275~280℃下干燥2h)　酚酞乙醇溶液(0.2%)

四、实验内容

下面的标定实验，可根据后续实验中样品的分析情况来选择其中一个。若要分析铵盐中含氮量或食醋中总酸量时，可标定 NaOH 溶液；若要分析碱灰中总碱度或混合碱含量时，可标定HCl溶液。

1. NaOH标准溶液的标定

(1)称量基准物。在电子分析天平上用递减称量法称取0.8～1.2g(准确至0.1mg)$KHC_8H_4O_4$ 3份，分别置于250mL的锥形瓶中，加入新鲜去离子水50mL，完全溶解后加1滴的酚酞指示剂。

(2)标定NaOH标准溶液。用NaOH标准溶液分别滴定每份$KHC_8H_4O_4$溶液，当溶液由无色变为粉红色且半分钟不褪色时，即为终点，记录每份消耗NaOH标准溶液的体积，计算NaOH标准溶液的浓度。要求三份测定值的相对平均偏差应小于±0.1%，否则应重复测定。

2. HCl标准溶液的标定

(1)称量基准物。在分析天平上用递减称量法称取0.3～0.4g(准确至0.1mg)无水Na_2CO_3 3份，分别置于250mL的锥形瓶中，加入新鲜去离子水20～30mL，完全溶解后加1滴的甲基橙指示剂。

(2)标定HCl标准溶液。用HCl标准溶液分别滴定每份Na_2CO_3溶液，当溶液由黄色变为橙色时，即为终点，记录每份消耗HCl标准溶液的体积，计算HCl标准溶液的浓度。要求三份测定值的相对平均偏差应小于±0.1%，否则应重复测定。

五、实验数据记录与处理

1. NaOH标准溶液的标定

NaOH标准溶液浓度的计算公式：

$$c(\mathrm{NaOH})=\frac{m(\mathrm{KHC_8H_4O_4})}{V(\mathrm{NaOH})\times 0.2042}$$

换算出HCl标准溶液浓度：

$$c(\mathrm{HCl})=c(\mathrm{NaOH})\times\frac{V(\mathrm{NaOH})}{V(\mathrm{HCl})}$$

NaOH标准溶液的标定

编号 实验项目			
$KHC_8H_4O_4$ 质量/g			
NaOH溶液 终读数/mL			
NaOH溶液 初读数/mL			
消耗NaOH溶液的体积/mL			
NaOH标准溶液的浓度/(mol/L)			
浓度平均值/(mol/L)			
相对偏差			
相对平均偏差			

2. HCl 标准溶液的标定

HCl 标准溶液的标定

编号 实验项目			
无水 Na_2CO_3 质量/g			
HCl 溶液 终读数/mL			
HCl 溶液 初读数/mL			
消耗溶液的体积/mL			
HCl 标准溶液的浓度/(mol/L)			
浓度平均值/(mol/L)			
相对偏差			
相对平均偏差			

六、思考题

(1)在分析天平上称取 $KHC_8H_4O_4$ 为什么一定要在 0.8 ~ 1.2g 范围内？能否少于 0.8g 或多于 1.2g 呢？为什么？

(2)溶解基准物 $KHC_8H_4O_4$ 或 Na_2CO_3 所用的去离子水，用什么量器量取？为什么？

(3)用 $KHC_8H_4O_4$ 作基准物标定 NaOH 溶液时，为什么指示剂选用酚酞而不用甲基橙？在用 Na_2CO_3 作基准物标定 HCl 溶液时，为什么指示剂选用甲基橙而不用酚酞呢？

实验十七　铵盐中含氮量的测定（甲醛法）

一、实验目的

(1)了解酸碱滴定法的应用。

(2)掌握甲醛法测定铵盐中氮含量的原理和方法。

二、实验原理

铵盐[如$(NH_4)_2SO_4$]是常用的氮肥之一。由于离子酸 NH_4^+ 的酸性太弱($K_a^\ominus = 5.6 \times 10^{-10}$)，因此无法用直接滴定，一般可用两种方法间接测定其含量。

1. 蒸馏法

在试样中加入过量的碱，加热，把 NH_3 蒸馏出来，吸收于过量的酸标准溶液中，然后用碱标准溶液反滴定过量的酸，以求试样中含氮量。也可以把蒸馏出的 NH_3 用硼酸吸收，然后用酸标准溶液直接滴定。蒸馏法虽然较准确，但比较麻烦和费时。

2. 甲醛法

铵盐与甲醛反应，生成六次甲基四胺酸（$K_a^\theta = 7.1 \times 10^{-6}$）和定量的强酸，其反应如下：

$$4NH_4^+ + 6HCHO = (CH_2)_6N_4H^+ + 6H_2O + 3H^+$$

用 NaOH 标准溶液直接滴定，终点时溶液呈弱碱性，可以酚酞作指示剂。

从反应式可知，4mol NH_4^+ 离子与甲醛反应，生成3mol H^+（强酸）和1mol 的六次甲基四胺酸离子，即：1mol NH_4^+ 相当于1mol H^+。若 NH_4^+ 的含量以 NH_3 质量分数来表示，测定结果计算式为：

$$NH_3\% = \frac{c(NaOH) \cdot V(NaOH) \cdot M(NH_3)}{m(\text{铵盐质量})} \times 100$$

甲醛法准确度较差，但比较快速，在生产过程中应用较多。试样中若含有 Fe^{3+}，影响终点的观察，可改用蒸馏法。本方法也可以用于测定有机酸中的氮，但需预先将它转化为铵盐后再进行测定。

三、仪器与试剂

1. 仪器

分析化学实验常用玻璃及其他器皿1套　　电子分析天平

2. 试剂

NaOH 标准溶液（约0.2mol/L）　　甲醛溶液（40%）

酚酞乙醇溶液（0.2%）　　铵盐试样

四、实验内容

下面分析试样实验，使用实验十六中标定的 NaOH 标准溶液。

（1）称量试样。在分析天平上用递减称量法称取0.3～0.4g（准确至0.1mg）铵盐三份，分别置于250mL 的锥形瓶中，加入新鲜去离子水20～30mL，完全溶解后，加5mL 预先中和的40%甲醛溶液（以酚酞为指示剂），摇动均匀，再加1滴的酚酞指示剂。

（2）测定氨含量。用 NaOH 标准溶液分别滴定每份试样溶液，当溶液由无色变为粉红色且半分钟不褪色时，即为终点，记录每份消耗 NaOH 标准溶液的体积。根据 NaOH 标准溶液的浓度和消耗的体积，计算铵盐中氮的含量。

五、实验数据记录与处理（自己设计表格）

六、思考题

（1）本实验中加入甲醛溶液的作用是什么？为什么加入的甲醛溶液预先要用 NaOH 溶液中和，并以酚酞为指示剂？

(2)试样中若含 Fe^{3+}，对测定有何影响？

(3)若试样为 NH_4NO_3 或 NH_4Cl 或 NH_4HCO_3，是否都可以用本法测定？为什么？

(4)如何测定铵盐试样中总氮量？

实验十八　食醋中总酸量的测定

一、实验目的

(1)了解酸碱滴定法的应用，掌握食醋中总酸量测定原理和方法。

(2)学习容量瓶、移液管的使用方法。

二、实验原理

食用醋主要成分是醋酸 HAc(约含 3% ~5%)，此外还含有少量其他的有机酸，如乳酸等。它们与 NaOH 溶液反应为：

$$NaOH + HAc = NaAc + H_2O$$

$$n NaOH + H_nA(\text{有机酸}) = Na_nA + nH_2O$$

用 NaOH 标准溶液滴定时，只要食用醋各有机酸的解离常数 $K_a^\ominus \geqslant 10^{-7}$，就可以通过直接滴定方法来测定其总酸量。由于是强碱滴定弱酸，反应产物为($Na_nA + nH_2O$)，化学计量点的 pH 值约为 8.7，则选用酚酞为指示剂。分析结果用含量最多 HAc 来表示。

三、仪器与试剂

1. 仪器

分析化学实验常用玻璃及其他器皿 1 套　　电子分析天平

2. 试剂

NaOH 标准溶液(约为 0.2mol/L)　　0.2% 酚酞乙醇溶液　　食用醋试样

四、实验内容

下面分析试样实验，使用实验十六中标定的 NaOH 标准溶液。

(1)稀释试样。用 25mL 移液管移取食用醋原液于 150mL 容量瓶中，用新鲜的去离子水稀释到刻度，摇均匀。

(2)测定总酸量。用 25mL 移液管平行移取已稀释的食用醋三份，分别放入 250mL 锥形瓶中，各加 1 ~2 滴的酚酞指示剂，摇均匀。用 NaOH 标准溶液分别滴定每份试样溶液，当溶液由无色变为粉红色且半分钟不褪色时，即为终点，记录每份消耗 NaOH 标准溶液的体积。根据 NaOH 标准溶液的浓度和消耗的体积，计算食用醋的总酸量。

五、实验数据记录与处理

自行设计表格，并记录与处理实验数据。

六、思考题

(1)测定食用醋含量时，要用新鲜的不含二氧化碳的去离子水，为什么？

(2)测定食用醋含量时，能否用甲基橙作指示剂？为什么？

实验十九　工业纯碱总碱度的测定（酸碱滴定法）

一、实验目的

(1)了解酸碱滴定法的应用，掌握工业纯碱总碱度的测定原理和方法。

(2)继续练习容量瓶、移液管的使用方法。

(3)熟悉酸碱滴定法选用指示剂的原则。

二、实验原理

工业纯碱的主要成分是碳酸钠，此外含有少量 NaCl、Na_2SO_4、NaOH 和 $NaHCO_3$ 等。以甲基橙作为指示剂，用 HCl 标准溶液滴定到溶液的颜色由黄色变为橙色时，试样中 Na_2CO_3 及碱性杂质 NaOH 和 $NaHCO_3$ 等都被中和，因此这个测定结果是工业纯碱的总碱度，通常以 Na_2O 或 Na_2CO_3 的质量分数(百分含量)表示：

$$\omega(\mathrm{Na_2O})\% = \frac{c(\mathrm{HCl})\,\mathrm{mol/L}\cdot V(\mathrm{HCl})\times 10^{-3}L\cdot M(\mathrm{Na_2O})\,\mathrm{g/mol}}{m(\text{样品质量})\,\mathrm{g}}\times 100$$

由于工业纯碱容易吸收水分和 CO_2，故常将样品在 270～280℃烘干 2h，除去样品中的水分，并使 $NaHCO_3$ 全部转化为 Na_2CO_3。另外工业纯碱均匀性差，取样时要尽可能选取有代表性的样品，称量时尽量多称，以减少误差。

三、仪器与试剂

1. 仪器

分析化学实验常用玻璃及其他器皿 1 套　　电子分析天平

2. 试剂

工业纯碱试样　　HCl 标准溶液(约为 0.2mol/L)　　甲基橙水溶液(0.1%)

四、实验内容

下面分析试样实验，使用实验十六中标定的 HCl 标准溶液。

(1)称量试样。在分析天平上用递减称量法称取 2.0～2.5g(准确至 0.1mg)工业纯碱于 100mL 烧杯中，加入少量的去离子水溶解，必要时可加热促使溶解。待冷却后，将溶液定量转移于150mL容量瓶，加水稀释至刻度，充分摇动均匀。

(2)测定总碱量。用25mL移液管平行移取稀释的工业纯碱三份，分别放入250mL锥形瓶中，各加1滴甲基橙指示剂，摇均匀。用HCl标准溶液分别滴定，当溶液由黄色变为橙色时，即为终点，记录每份消耗HCl标准溶液体积。根据HCl标准溶液浓度和消耗体积，计算工业纯碱总碱度。

五、实验数据记录与处理

工业纯碱总碱度的测定

实验项目＼编号			
取出试样质量/g			
容量瓶的体积/mL			
移出试样溶液的体积/mL			
HCl标准溶液终读数/mL			
HCl标准溶液初读数/mL			
消耗HCl标准溶液体积/mL			
HCl标准溶液的浓度/(mol/L)			
工业纯碱总碱度[用$\omega(Na_2O)$表示]/%			
相对平均偏差			

六、思考题

(1)工业纯碱的主要成分是什么？含有哪些主要杂质？为什么说用HCl标准溶液滴定工业纯碱所得的结果是“总碱度”？

(2)“总碱度”的测定为何选用甲基橙为指示剂？能否用酚酞作指示剂？为什么？

实验二十　混合碱的测定（双指示剂法）

一、实验目的

(1)掌握双指示剂法测定混合碱中NaOH和Na_2CO_3含量的原理和方法。

(2)了解混合指示剂使用及其优点。

二、实验原理

工业混合碱通常是Na_2CO_3与NaOH或Na_2CO_3与$NaHCO_3$混合物。欲测定同一试样中各组分的含量，可用标准酸溶液进行滴定分析。根据滴定过程中pH值变化的情况，选用两种不同的指示剂分别指示终点，这种方法称为双指示剂法。此法简便、快速，在实际生产中普遍应用，但准确度不高。

首先在混合碱溶液中加入酚酞指示剂（变色的 pH 值范围 8.0 ~ 10.0），用 HCl 标准溶液滴定到溶液颜色由红色变为无色时，混合碱中的 NaOH 与 HCl 完全反应（产物 $NaCl + H_2O$）而 Na_2CO_3 与 HCl 反应一半生成 $NaHCO_3$，反应产物的 pH 值约为 8.3。设此时消耗 HCl 标准溶液的体积为 V_1mL。然后，再加入甲基橙指示剂（变色的 pH 值范围 3.1 ~ 4.4），继续用 HCl 标准溶液滴定到溶液颜色由黄色转变为橙色时，溶液中 $NaHCO_3$ 与 HCl 完全反应（产物 $NaCl + H_2CO_3$），化学计量点时 pH 值为 3.8 ~ 3.9。设此时消耗 HCl 标准溶液的体积为 V_2mL。

当 $V_1 > V_2$ 时，试样为 Na_2CO_3 与 NaOH 的混合物。滴定 Na_2CO_3 所需的 HCl 是由两次滴定加入的，并且两次的用量应该相等。因此滴定 NaOH 消耗 HCl 的体积为 $(V_1 - V_2)$mL。则试样中 Na_2CO_3 和 NaOH 的质量分数分别为：

$$\omega(Na_2CO_3)/\% = \frac{c(HCl)\,mol/L \cdot V_2 \times 10^{-3}\,L \cdot M(Na_2CO_3)\,g/mol}{m(\text{样品质量})\,g} \times 100$$

$$\omega(NaOH)\% = \frac{c(HCl)\,mol/L \cdot (V_1 - V_2) \times 10^{-3}\,L \cdot M(NaOH)\,g/mol}{m(\text{样品质量})\,g} \times 100$$

当 $V_1 < V_2$ 时，试样为 Na_2CO_3 与 $NaHCO_3$ 的混合物，此时 V_1 为将 Na_2CO_3 滴定 $NaHCO_3$ 所消耗的 HCl 溶液的体积，故 Na_2CO_3 所消耗 HCl 溶液的体积为 $2V_1$，滴定 $NaHCO_3$ 所消耗的 HCl 溶液的体积为 $(V_2 - V_1)$mL。则试样中 Na_2CO_3 和 $NaHCO_3$ 的质量分数分别为：

$$\omega(Na_2CO_3)\% = \frac{c(HCl)\,mol/L \cdot V_1 \times 10^{-3}\,L \cdot M(Na_2CO_3)\,g/mol}{m(\text{样品质量})\,g} \times 100$$

$$\omega(NaHCO_3)\% = \frac{c(HCl)\,mol/L \cdot (V_2 - V_1) \times 10^{-3}\,L \cdot M(NaHCO_3)\,g/mol}{m(\text{样品质量})\,g} \times 100$$

双指示剂法中，传统的方法是先用酚酞指示剂，后用甲基橙指示剂，用 HCl 标准溶液滴定。由于酚酞变色不敏锐，人眼观察这种颜色变化的灵敏度较差，因此常选用甲酚红 - 百里酚蓝混合指示剂。甲酚红变色范围的 pH 值为 6.7（黄）~ 8.4（红），百里酚蓝的变色范围的 pH 值为 8.0（黄）~9.6（蓝），混合后变色点的 pH 值 8.3，酸色呈黄色，碱色呈紫色。用 HCl 滴定剂滴定溶液由紫色变为粉红色，即为终点。本实验用甲酚红 - 百里酚蓝混合指示剂代替酚酞指示剂。

三、仪器与试剂

1. 仪器

分析化学实验常用玻璃及其他器皿 1 套　电子分析天平

2. 试剂

工业混合碱试样　　HCl 标准溶液（约为 0.2mol/L）　　甲基橙水溶液(0.1%)

甲酚红 - 百里酚蓝混合指示剂(1 份 0.1% 甲酚红钠水溶液和 3 份 0.1% 百里酚蓝钠盐水溶液混合即可)

四、实验内容

下面分析试样实验，使用实验十六中标定的 HCl 标准溶液。

(1)称量及溶解试样。在分析天平上用递减称量法称取 2.5 ~ 3.0g(准确至 0.1mg)工业混合碱于 100mL 烧杯中，加入少量的去离子水溶解，必要时可加热促使溶解。待冷却后，将溶液定量转移于 150mL 容量瓶，加水稀释至刻度，充分摇动均匀。

(2)混合碱的测定。用 25mL 移液管平行移取稀释的工业混合碱三份，分别放入 250mL 锥形瓶中，各加 1 ~ 2 滴甲酚红 – 百里酚蓝混合指示剂，摇均匀。用 HCl 标准溶液分别滴定到溶液由紫色变为粉红色，即为反应第一终点，记录所消耗 HCl 标准溶液的体积 V_1。然后，再加入 1 ~ 2 滴的甲基橙指示剂，继续用 HCl 标准溶液滴定到溶液由黄色变为橙色，即为反应第二终点，记录所消耗 HCl 标准溶液的体积 V_2。根据 HCl 标准溶液的浓度和消耗的体积，按照原理部分所述的公式计算工业混合碱中各组分的含量。

五、实验数据记录与处理

工业混合碱中各组分的含量的测定

编号 / 实验项目			
试样的质量/g			
容量瓶的体积/mL			
移出试样溶液的体积/mL			
第二滴定终点 HCl 溶液的读数/mL			
第一滴定终点 HCl 溶液的读数/mL			
HCl 溶液 初读数/mL			
消耗 HCl 溶液体积 V_1/m			
消耗 HCl 溶液体积 V_2/m			
HCl 标准溶液的浓度/(mol/L)			
Na_2CO_3 的质量分数/%			
Na_2CO_3 的质量分数的平均值			
$NaHCO_3$ 的质量分数/%			
$NaHCO_3$ 的质量分数的平均值			

六、思考题

(1)混合碱中各组分含量是怎样测定的?

(2)食用碱的主要成分是 Na_2CO_3，常含有少量的 $NaHCO_3$，能否以酚酞指示剂测定 Na_2CO_3 含量?

（3）为什么用移液管移液时，必须要用被装溶液润洗，而锥形瓶却不必用被装溶液润洗？

实验二十一　EDTA 标准溶液的配制与标定

一、实验目的

（1）掌握 EDTA 标准溶液的配制和标定方法。

（2）理解配位滴定的原理及其滴定特点。

（3）学会用二甲酚橙指示剂和钙指示剂判断反应终点。

二、实验原理

乙二胺四乙酸（简称 EDTA，常用 H_4Y 表示）难溶于水，分析化学中通常使用其二钠盐。乙二胺四乙酸二钠盐的溶解度为 120g/L，可配制 0.3mol/L 以下的溶液。通常以间接法配制标准溶液。

标定 EDTA 溶液常用的基准物有 Zn，ZnO，$CaCO_3$，Bi，Cu，$MgSO_4 \cdot 7H_2O$，Hg，Ni，Pb 等。通常选用其中与被测物组分相同的物质作为基准物，这样滴定条件一致，可减少系统误差。本实验主要学习 $CaCO_3$ 和 Zn 或 ZnO 作为基准物，以钙指示剂和二甲酚橙指示剂为金属指示剂标定 EDTA 标准溶液的原理及方法。

金属指示剂是一些有色的有机配合剂，在一定条件下能与金属离子形成有色配合物，其颜色与游离指示剂的颜色不同，因此用它能指示滴定过程中金属离子浓度的变化情况，但其用量要适当。配位反应比酸碱反应进行慢，在滴定过程中，EDTA 溶液滴加速度不能太快，尤其近终点时，应逐滴加入，充分摇动。

以 $CaCO_3$ 为基准物时，用钙指示剂作为指示剂。在 $pH \geq 12$ 条件下，游离的钙指示剂为纯蓝色，Ca^{2+} 与钙指示剂（常以 H_3In 表示）结合形成比较稳定的酒红色的 $CaIn^-$ 配位离子，使溶液呈现酒红色。当用 EDTA 标准溶液滴定时，由于 EDTA 能与 Ca^{2+} 形成比 $CaIn^-$ 离子更稳定的无色的 CaY^{2-} 离子，反应到达化学计量点时释放出游离的钙指示剂，溶液的颜色由酒红色变为纯蓝色，反应方程式为：

$$CaIn^-（酒红色）+ H_2Y^{2-} \rightleftharpoons CaY^{2-}（无色）+ HIn^{2-}（纯蓝色）+ H^+$$

当有 Mg^{2+} 离子存在时，颜色变化更敏锐，因此在只有 Ca^{2+} 存在时，常常加入少量 Mg^{2+} 离子。用此方法标定的 EDTA 标准溶液，可用于测定石灰石或白云石中 CaO、MgO 含量，也可以用于测定水中钙硬度。

以 Zn 或 ZnO 为基准物时，用二甲酚橙作为指示剂。在 pH = 5 ~ 6 条件下，游离的二甲酚橙为黄色，Zn^{2+} 与二甲酚橙结合形成比较稳定的紫红色配合离子，使溶液呈现紫红色。当用 EDTA 标准溶液滴定时，由于 EDTA 能与 Zn^{2+} 形成更稳定的无色 CaY^{2-} 离子，反应到达化学计量点时释放出游离的二甲酚橙指示剂，溶液的颜色由紫红色变为亮黄色。

用此方法标定的EDTA标准溶液，可用于铅、铋混合液中铅、铋含量的测定，也可以用于水总硬度测定。

三、仪器与试剂

1. 仪器

分析化学实验常用玻璃及其他器皿1套　电子分析天平

2. 试剂

(1)以$CaCO_3$为基准物时所用试剂：

乙二胺四乙酸二钠(固体，分析纯)　$CaCO_3$(基准试剂)　NaOH溶液(10%)

氨缓冲溶液(pH≈10)　钙指示剂(固体)　氨水(1:1)

镁溶液(溶解1g $MgSO_4 \cdot 7H_2O$于水中，稀释至200mL)　铬黑T指示剂

(2)以ZnO(或Zn)为基准物时所用试剂：

乙二胺四乙酸二钠(固体，分析纯)　ZnO(基准试剂)　氨水(1:1)

六次甲基四胺(20%)　二甲酚橙指示剂(0.5%)　盐酸(1:1)

四、实验内容

1. 0.02mol/L EDTA标准溶液的配制

在台秤上称取3.8g乙二胺四乙酸二钠，溶于100mL去离子水中，微热溶解后，转移到800mL试剂瓶中，再加入400mL去离子水，摇均匀。如有混浊，必须过滤。

2. 以$CaCO_3$为基准物标定EDTA溶液

(1)0.02mol/L钙标准溶液的配制。准确地称取在110℃干燥的$CaCO_3$基准物0.3~0.4g(准确至0.1mg)于小烧杯中，盖以表面皿，加少量去离子水润湿后，缓慢地从杯嘴处滴加1:1的HCl 3~5mL，用水把可能溅到表面皿上的溶液冲洗至杯中，加热至完全溶解。冷却后，将溶液定量转移到150mL容量瓶中，稀释至刻度，摇均匀。

(2)标定：

①强碱性介质中用此法。用25mL移液管移取钙标准溶液于250mL的锥形瓶，加入25mL水、2mL镁溶液、5mL10% NaOH溶液和绿豆大小的钙指示剂，摇均匀后，用EDTA溶液滴定到溶液由红色变为蓝色，即为终点，记录消耗EDTA溶液的体积，平行三次，要求消耗体积的极差小于0.05mL。根据$CaCO_3$的质量和消耗EDTA溶液的体积，计算EDTA标准溶液的准确浓度。

②氨性缓冲溶液中用此法。用25mL移液管移取钙标准溶液于250mL的锥形瓶中，加入15mL pH≈10氨缓冲溶液和2滴铬黑T指示剂，摇均匀后，用EDTA溶液滴定到溶液由紫红色变为蓝绿色，即为终点，记录消耗EDTA溶液的体积，平行三次，要求消耗体积的极差小于0.05mL。根据$CaCO_3$的质量和消耗EDTA溶液的体积，计算EDTA标准溶液的准确浓度。

3. 以ZnO为基准物标定EDTA溶液

(1)0.02mol/L锌标准溶液的配制。准确称取在800~1000℃下灼烧过的ZnO基

准物 0.2 ~ 0.3g(准确至 0.1mg)于小烧杯中，加少量去离子水润湿后，缓慢地滴加 1∶1 的 HCl 5mL，同时搅拌至完全溶解。然后，将溶液定量转移到 150mL 容量瓶中，稀释至刻度并摇均匀。

(2)标定。用 25mL 移液管移取锌标准溶液于 250mL 的锥形瓶中，加入约 30mL 水，2 滴二甲酚橙指示剂，摇均匀后，先加 1∶1 的氨水至溶液由黄色刚变橙色，然后滴加 20% 的六次甲基四胺至溶液呈稳定的紫红色后，再多加 3mL。用 EDTA 溶液滴定到溶液由紫红色变为亮黄色，即为终点，记录消耗 EDTA 溶液的体积。平行三次，要求消耗体积的极差小于 0.05mL。根据 ZnO 的质量和消耗 EDTA 溶液的体积，计算 EDTA 标准溶液的准确浓度。

五、实验数据记录与处理

以 ZnO 为基准物标定 EDTA 溶液

编号 实验项目			
取出基准物的质量			
容量瓶的体积			
移取基准液的体积			
EDTA 溶液 终读数			
EDTA 溶液 初读数			
消耗 EDTA 溶液体积			
EDTA 溶液的浓度			
EDTA 溶液的平均浓度			
相对平均偏差			

六、思考题

(1)以 ZnO 为基准物，以二甲酚橙为指示剂标定 EDTA 溶液浓度的原理是什么？溶液的 pH 值应控制在什么范围？若溶液为强酸性，应怎样调节？

(2)配位滴定法与酸碱滴定法相比，有哪些不同点？滴定操作过程中应注意哪些问题？

实验二十二　水硬度的测定

一、实验目的

(1)掌握配位滴定法测定水硬度原理和方法。

(2)了解水硬度的测定意义和常用的硬度表示法。

(3)熟悉金属指示剂铬黑T变色原理及滴定终点的判断。

二、实验原理

通常把含有较多钙盐和镁盐的水称为硬水。测定水硬度就是测定水中Ca^{2+}、Mg^{2+}的含量，最广泛使用的测定方法是以EDTA为滴定剂的配位滴定法。

在pH≈10氨性缓冲溶液条件下，以铬黑T为指示剂，用EDTA标准溶液滴定，可以测定Ca^{2+}和Mg^{2+}总量，也称水的总硬度。

当铬黑T指示剂溶于水后，在水中存在解离平衡：

$$\underset{\text{紫色}}{H_2In^-} \xrightleftharpoons{pH=6.3} \underset{\text{蓝色}}{HIn^{2-}} \xrightleftharpoons{pH=11.5} \underset{\text{橙色}}{In^{3-}}$$

铬黑T与Ca^{2+}、Mg^{2+}可形成紫红色配合物，因此，使用铬黑T为指示剂的最适宜的酸度范围应是pH=9~10.5。

实验证明：铬黑T，EDTA与Ca^{2+}，Mg^{2+}形成的配合物稳定性为CaY^{2-} > MgY^{2-} > MgHIn > CaHIn，铬黑T与Mg^{2+}显色敏锐。

滴定时，铬黑T与Mg^{2+}首先结合使溶液显紫红色，随着EDTA加入，溶液中Ca^{2+}，Mg^{2+}与EDTA反应，终点附近EDTA夺取与铬黑T结合的金属离子，释放出指示剂，从而溶液的颜色由紫红色变为纯蓝色。当水样中Mg^{2+}含量较低时，可在标定前加入适量的Mg^{2+}或在缓冲溶液中加入一定量的Mg-EDTA盐，来提高显色灵敏度。

当以钙指示剂作为指示剂，在pH≥12时，Mg^{2+}生成$Mg(OH)_2$沉淀而被掩蔽。然后用EDTA标准溶液滴定到溶液由浅红色变为蓝色即为终点，由此可测得Ca^{2+}的含量，也称钙硬度。用总硬度减去钙硬度可以得到镁硬度。

水硬度表示方法有多种。德国硬度(°d)是每度相当于1L水中含有10mg CaO；法国硬度(°f)是每度相当于1L水中含有10mg$CaCO_3$；英国硬度(°e)是每度相当于0.7L水中含有10mg $CaCO_3$；美国硬度是每度等于法国硬度的1/10。目前我国采用德国硬度单位制，本实验硬度的计算为：

$$\text{硬度}(^\circ d)=\frac{c(\text{EDTA})\,\text{mol/L}\cdot V(\text{EDTA})\,\text{L}\times\dfrac{M(\text{CaO})\,\text{g/mol}}{1000}}{V(\text{水样})L\times 10}$$

其中，

三、仪器与试剂

1. 仪器

分析化学实验常用玻璃及其他器皿1套　电子分析天平

2. 试剂

EDTA标准溶液(0.02 mol/L，实验二十一中标定的EDTA标准溶液)

镁溶液(溶解1g $MgSO_4\cdot 7H_2O$于水中，稀释至200mL)

NaOH(10%)　　氨缓冲溶液(pH≈10)　　氨水(1:1)　钙指示剂(固体)
铬黑 T(1% 的三乙醇胺 - 无水乙醇溶液)　　盐酸(1:1)　自来水试样

四、实验内容

1. 总硬度的测定

称取澄清的水样 100mL(用指定的量筒量取，为什么?)放入 250mL 锥形瓶中，加入 5mL pH≈10 氨缓冲溶液和 2 滴铬黑 T 指示剂，摇均匀，此时溶液为酒红色。然后用 EDTA 标准溶液滴定到溶液由酒红色变为纯蓝色即为终点，记录消耗 EDTA 溶液体积，平行三次。根据 EDTA 标准溶液浓度和消耗的体积，计算水的总硬度。

2. 钙硬度的测定

称取澄清的水样 100mL 放入 250mL 的锥形瓶中，加入 4mL 10% NaOH 溶液，摇均匀。再加入约 0.01g 钙指示剂，摇均匀后溶液呈浅红色。然后用 EDTA 标准溶液滴定到溶液由浅红色变为纯蓝色即为终点，记录消耗 EDTA 溶液的体积，平行三次。根据 EDTA 标准溶液浓度和消耗的体积，计算水的钙硬度。

3. 镁硬度的测定

总硬度减去钙硬度即得镁硬度。

五、实验数据记录与处理

自行设计表格记录与处理数据。

六、思考题

(1)测定水的总硬度时，为什么要控制溶液的 pH 值为 10?

(2)测定水的硬度时，哪些离子的存在会干扰测定?如何消除干扰?

实验二十三　铅、铋混合液中铅、铋含量的测定

一、实验目的

(1)掌握利用控制酸度连续滴定两种金属离子的配位滴定原理和方法。

(2)学会利用缓冲作用调整溶液酸度的方法。

二、实验原理

Pb^{2+}，Bi^{3+} 离子均能与 EDTA 形成稳定的 1:1 的配合物，它们的 $\lg K_{MY}$ 值分别为 18.04 和 27.94，两者相差较大，故可利用控制酸度，进行连续滴定来测定混合液中铅、铋含量。

由酸效应曲线查得，滴定 Pb^{2+} 的最低 pH 值为 3.3，滴定 Bi^{3+} 的最低 pH 值为

0.7。在实际滴定中，通常在 pH≈1 的硝酸介质中滴定 Bi^{3+}，在 pH≈5～6 的缓冲溶液中滴定 Pb^{2+}。

在 $Pb^{2+}-Bi^{3+}$ 混合溶液中，先调节溶液 pH≈1，加入二甲酚橙指示剂，此时 Bi^{3+} 与指示剂形成紫红色的配合物。用 EDTA 标准溶液滴定，当溶液颜色由紫红色变为亮黄色时，即为滴定 Bi^{3+} 的终点。接着用六次甲基四胺调节溶液的 pH≈5～6，此时 Pb^{2+} 与指示剂形成紫红色的配合物，溶液再次呈现紫红色，然后用 EDTA 标准溶液滴定，当颜色由紫红色变为亮黄色时，即为 Pb^{2+} 滴定的终点。

三、仪器与试剂

1. 仪器

分析化学实验常用玻璃及其他器皿 1 套　　电子分析天平

2. 试剂

EDTA 标准溶液(约为 0.02mol/L)　HNO_3(0.1mol/L)

六次甲基四胺溶液(20%)　二甲酚橙指示剂(0.5%)

$Pb^{2+}-Bi^{3+}$ 混合溶液(含 Pb^{2+}，Bi^{3+} 各约为 0.01mol/L，酸度为 0.5mol/L)

四、实验内容

1. EDTA 标准溶液的标定

见实验二十一，以 ZnO 为基准物标定的 EDTA 标准溶液。

2. $Pb^{2+}-Bi^{3+}$ 混合液中 Bi^{3+} 的测定

用 25mL 移液管移取 $Pb^{2+}-Bi^{3+}$ 混合液于 250mL 的锥形瓶中，加入 10mL 0.1mol/L HNO_3 和 1～2 滴二甲酚橙指示剂，摇均匀后，用 EDTA 标准溶液滴定到溶液由紫红色变为亮黄色，即为滴定 Bi^{3+} 终点，记录消耗 EDTA 溶液的体积，平行三次，要求消耗体积的极差小于 0.05mL。根据 EDTA 的浓度和消耗的体积，计算 $Pb^{2+}-Bi^{3+}$ 混合溶液中 Bi^{3+} 含量，以 g/L 表示。

3. $Pb^{2+}-Bi^{3+}$ 混合液中 Pb^{2+} 的测定

在滴定 Bi^{3+} 后的溶液中，滴加 20% 六次甲基四胺溶液，并不断的摇动，直到溶液呈现稳定的紫红色后，再过量加入 5mL。然后用 EDTA 标准溶液滴定到溶液由紫红色变为亮黄色，即为滴定 Pb^{2+} 终点，记录消耗 EDTA 溶液的体积，平行三次，要求消耗体积的极差小于 0.05mL。根据 EDTA 的浓度和消耗的体积，计算 $Pb^{2+}-Bi^{3+}$ 混合溶液中 Pb^{2+} 含量，以 g/L 表示。

五、实验数据记录与处理

自行设计表格记录与处理数据。

六、思考题

(1)滴定 Pb^{2+}、Bi^{3+} 离子时溶液酸度各控制在什么范围？怎样控制？为什么？

(2)能否在同一份试液中先滴定 Pb^{2+} 离子，后滴定 Bi^{3+} 离子？

实验二十四　氯化物中氯含量的测定（摩尔法）

一、实验目的

1. 学习 $AgNO_3$ 标准溶液的配制和标定。
2. 掌握沉淀滴定法中以 $K_2Cr_2O_7$ 为指示剂测定氯离子原理和方法。

二、实验原理

用 $K_2Cr_2O_7$ 作为指示剂的银量法称为摩尔法。利用摩尔法可以测定一些可溶性氯化物中氯含量。

在含有 Cl^- 的中性溶液中，以 $K_2Cr_2O_7$ 为指示剂，用 $AgNO_3$ 标准溶液进行滴定，由于 AgCl 的溶解度小于 Ag_2CrO_4 溶解度，根据分步沉淀原理，溶液中首先析出白色 AgCl 沉淀。当 AgCl 完全沉淀后，过量一滴 $AgNO_3$ 溶液与 $K_2Cr_2O_7$ 生成砖红色的 Ag_2CrO_4 沉淀指示终点。滴定必须在中性或弱碱性溶液中进行，最适宜的酸度范围为 pH = 6.5 ~ 10.5。酸度过高，不利于产生 Ag_2CrO_4 沉淀；酸度过低，容易生成 Ag_2O 沉淀。指示剂用量对滴定有影响，一般用量以 5×10^{-5}mol/L 为宜。

凡能与 Ag^+ 和 $Cr_2O_7^{2-}$ 生成微溶化合物或配合物的离子，都干扰测定，应注意消除干扰。一些高氧化态的离子在中性或弱酸性介质中发生水解，故也应不存在。

三、仪器与试剂

1. 仪器

分析化学实验常用玻璃及其他器皿 1 套　　电子分析天平

2. 试剂

NaCl（基准试剂）　　$AgNO_3$（固体）　　$K_2Cr_2O_7$（0.5%）　　NaCl（试样）

四、实验内容

1. 0.05 mol/L $AgNO_3$ 溶液的配制

在台秤上称取 4.4g $AgNO_3$ 溶解于 500mL 不含 Cl^- 离子的去离子水中，将溶液转入细口棕色试剂瓶中，置于暗处，避光保存。

2. NaCl 基准溶液的配制

在分析天平上准确的称取干燥的 NaCl 基准物 0.35 ~ 0.5g（精确 0.1mg）于小烧杯中，加去离子水溶解后，定量转移到 150mL 容量瓶中，稀释至刻度并摇均匀。

3. 0.05 mol/L $AgNO_3$ 溶液的标定

移取 25.00mL NaCl 基准溶液于 250mL 锥形瓶中，加入 25mL 去离子水和 1mL 0.5% $K_2Cr_2O_7$ 溶液，在不断摇动下用 $AgNO_3$ 溶液滴定至白色沉淀中出现砖红色，即为终点，记录消耗的 $AgNO_3$ 溶液的体积，平行三次。根据 NaCl 的质量及消耗的 $AgNO_3$ 溶液体积，计算 $AgNO_3$ 溶液的浓度。

4. 试样中氯的测定

用递减称量法称取 0.4 ~ 0.6g（精确 0.1mg）NaCl 样品于小烧杯中，加去离子水溶解后，定量转移到 150mL 容量瓶中，稀释至刻度，摇均匀。

用 25 mL 移液管移取样品溶液于 250mL 锥形瓶中，加入 25mL 去离子水溶解和 1mL 0.5% $K_2Cr_2O_7$ 溶液，在不断摇动下用 $AgNO_3$ 溶液滴定到白色沉淀中出现砖红色，即为终点，记录消耗的 $AgNO_3$ 溶液的体积，平行三次。根据样品的质量、$AgNO_3$ 溶液的浓度及消耗的体积，计算试样中氯的含量。

注意：实验完毕后，一定要把滴定管中 $AgNO_3$ 溶液倒回试剂瓶，并用自来水把滴定管清洗三次，以免 $AgNO_3$ 残留在管内。

五、思考题

(1) 摩尔法测定 Cl^- 时，为什么要控制溶液的 pH 值在 6.5 ~ 10.5 范围内？

(2) 以 $K_2Cr_2O_7$ 为指示剂时，指示剂用量过大或过小对测定有何影响，为什么？

(3) 摩尔法测定 Cl^- 时，哪种离子干扰测定？怎样消除？

实验二十五　氯化物中氯含量的测定（佛尔哈德法）

一、实验目的

(1) 学习 NH_4SCN 标准溶液的配制和标定。

(2) 掌握沉淀滴定法中佛尔哈德法的测定原理及其应用。

二、实验原理

用铁铵钒[$NH_4Fe(SO_4)_2$]作为指示剂的银量法称为佛尔哈德法。该法又可分为用于测定 Ag^+ 含量的直接滴定法和用于测定卤素离子含量的间接滴定法。本实验应用佛尔哈德法测定氯化物中氯含量。

在含有 Cl^- 的酸性溶液中，加入一定量过量的 Ag^+ 标准溶液，定量的生成 AgCl 沉淀后，过量的 Ag^+ 以 $NH_4Fe(SO_4)_2$ 为指示剂，用 NH_4SCN 标准溶液反滴定，过量一滴 NH_4SCN 溶液与 $NH_4Fe(SO_4)_2$ 生成血红色的 $FeSCN^{2+}$ 指示终点。滴定必须在酸性溶液中进行，在中性或弱碱性溶液中 Fe^{3+} 将生成沉淀。

指示剂的用量对滴定有影响，一般 Fe^{3+} 用量以 0.015mol/L 为宜。

当过量的 Ag^+ 标准溶液加入后，要剧烈振荡，并加入石油醚保护 AgCl 沉淀，使其与溶液隔开，防止 AgCl 沉淀与 SCN^- 发生交换反应而消耗滴定剂。凡能与 SCN^- 反应的物质均有干扰，应注意消除干扰。

三、仪器与试剂

1. 仪器

分析化学实验常用玻璃及其他器皿1套　电子分析天平

2. 试剂

$AgNO_3$标准溶液(0.05mol/L，实验二十四中标定)　$NH_4Fe(SO_4)_2$(40%)

NH_4SCN(固体)　石油醚　硝酸(1:1)

四、实验内容

1. 0.05 mol/L NH_4SCN溶液的配制

在台秤上称取1.9g NH_4SCN溶解于500mL不含Cl^-离子的去离子水中，将溶液转入细口试剂瓶中，摇均匀。

2. NH_4SCN溶液的标定

用移液管移取25.00mL 0.05mol/L $AgNO_3$标准溶液于250mL锥形瓶中，加入5mL 1:1 HNO_3，1mL $NH_4Fe(SO_4)_2$溶液为指示剂，然后在用力摇动下，用NH_4SCN溶液滴定至溶液的颜色为稳定的淡红色，即为终点，记录消耗NH_4SCN溶液的体积，平行三次。根据$AgNO_3$溶液浓度及消耗NH_4SCN溶液的体积，计算NH_4SCN溶液的浓度。

3. 试样中氯的测定

用递减称量法称取0.25～0.5g(精确0.1mg)NaCl样品于小烧杯中，加去离子水溶解后，定量转移到150mL容量瓶中，稀释至刻度，摇均匀。

用25mL移液管移取样品溶液于250mL锥形瓶中，加入25mL去离子水和5mL 1:1HNO_3。然后在不断摇动下，用滴定管加入0.05 mol/L $AgNO_3$标准溶液，此时生成白色AgCl沉淀。随着$AgNO_3$溶液加入，生成的白色沉淀越来越多，并不断地凝聚。这时让其静置片刻，然后在上层清液中滴加$AgNO_3$溶液，观察是否有沉淀生成。若清液不变浑浊，说明已沉淀完全。再滴加$AgNO_3$溶液5～10mL，记录滴入$AgNO_3$标准溶液的体积。然后，加入2mL的石油醚，用橡皮塞盖上瓶口，剧烈振荡半分钟，使AgCl沉淀进入石油醚层而与溶液隔开。再加入1mL $NH_4Fe(SO_4)_2$溶液，用NH_4SCN溶液滴定到溶液呈现浅红色即为终点，记录消耗NH_4SCN溶液的体积，平行三次。根据样品的质量、$AgNO_3$标准溶液的浓度和加入的体积及NH_4SCN溶液的浓度和消耗的体积，计算试样中氯的含量。

注意：实验完毕后，一定要把滴定管中$AgNO_3$溶液倒回试剂瓶，并用自来水把滴定管清洗三次，以免$AgNO_3$残留在管内。

五、实验数据记录与处理

自行设计表格，并记录与处理数据。

六、思考题

(1)测定佛尔哈德法Cl^-时，为什么要加入石油醚？当用此法测定I^-、Br^-时还需要加入石油醚吗？

(2)本实验为什么用 HNO_3 调节酸度？能否用 HCl 或 H_2SO_4 调节？为什么？

(3)佛尔哈德法测定 Cl^- 时，对介质的酸度有何要求？哪些离子对测定有干扰？怎样消除？

实验二十六　高锰酸钾标准溶液的配制与标定

一、实验目的

(1)学习 $KMnO_4$ 标准溶液的配制和保存条件。

(2)掌握用 $Na_2C_2O_4$ 作为基准物标定 $KMnO_4$ 溶液的原理及方法。

二、实验原理

市售的 $KMnO_4$ 试剂常含有少量杂质，同时，由于 $KMnO_4$ 是强氧化剂，容易与水中有机物、空气中尘埃等还原性物质反应以及自身能自动分解，因此 $KMnO_4$ 标准溶液不能直接配制成准确浓度，只能配制成粗略浓度，经过煮沸，过滤处理后，用基准物标定出准确浓度。长期储存的 $KMnO_4$ 标准溶液，应保存在棕色试剂瓶中，并定期进行标定。

标定 $KMnO_4$ 溶液的基准物有 $(NH_4)_2Fe(SO_4)_2 \cdot 6H_2O$、$(NH_4)_2C_2O_4$、$Na_2C_2O_4$、$FeSO_4 \cdot 7H_2O$、$H_2C_2O_4 \cdot 2H_2O$ 和纯铁丝等。由于 $Na_2C_2O_4$ 易提纯，性质稳定且不含结晶水，因此是标定 $KMnO_4$ 溶液最常用的基准物。在酸性介质中 $Na_2C_2O_4$ 与 $KMnO_4$ 发生下列反应：

$$2MnO_4^- + 5C_2O_4^{2-} + 16H^+ = 2Mn^{2+} + 10CO_2\uparrow + 8H_2O$$

滴定时应注意以下几点：

(1)温度。上述反应在室温下进行较慢，常需将溶液加热到 75～80℃，并趁热滴定，滴定完毕时的温度不应低于 60℃。但加热温度不能过高，若高于 90℃，$H_2C_2O_4$ 会发生分解。

(2)酸度。该反应需在酸性介质中进行，并以 H_2SO_4 调节酸度，不能用 HCl 或 HNO_3 调节，因 Cl^- 有还原性，能与 MnO_4^- 反应；HNO_3 有氧化性，能与被滴定的还原性物质反应。为使反应定量进行，溶液酸度一般控制在 0.5～1.0 mol/L 范围内。

(3)滴定速度。该反应为自动催化反应，反应中生成的 Mn^{2+} 离子具有催化作用。因此滴定开始时的速度不宜太快，应逐滴加入，待到第一滴 $KMnO_4$ 溶液颜色褪去后，再加入第二滴。否则酸性热溶液中 MnO_4^- 来不及与 $C_2O_4^{2-}$ 反应而分解，导致结果偏低。

(4)滴定终点。$KMnO_4$ 溶液自身也为指示剂。当反应到达化学计量点附近时，滴加一滴 $KMnO_4$ 溶液后，锥形瓶中溶液呈稳定的微红色且半分钟不褪色即为终点。若在空气中放置一段时间后，溶液颜色消失，不必再加入 $KMnO_4$ 溶液，这是因为

$KMnO_4$ 溶液与空气中还原性物质反应造成的。

三、仪器与试剂

1. 仪器

分析化学实验常用玻璃及其他器皿1套　电子分析天平　温度计

微孔玻璃漏斗

2. 试剂

$KMnO_4$(固体)　$Na_2C_2O_4$(基准试剂)　H_2SO_4(3.0 mol/L)

四、实验内容

1. 0.02mol/L $KMnO_4$ 溶液的配制

在台秤上称取1.8g $KMnO_4$ 溶解于500mL的去离子水中，加热煮沸半小时，冷却后在暗处放置一周。然后用微孔玻璃漏斗(或玻璃棉)过滤，滤液储存于棕色试剂瓶中备用。

2. $KMnO_4$ 标准溶液浓度的标定

在分析天平上用递减称量法，准确称取0.15～0.20g(精确0.1mg)$Na_2C_2O_4$ 基准物3份分别于洁净的250mL锥形瓶中，加入20～30mL去离子水溶解，再加入10～15mL 3.0 mol/L H_2SO_4 溶液。摇均匀后，加热至75～80℃，趁热用 $KMnO_4$ 标准溶液滴定到溶液微红色且半分钟不褪色即为终点，记录消耗 $KMnO_4$ 溶液的体积，平行三次的极差应小于0.05 mL。

根据称取 $Na_2C_2O_4$ 基准物的质量、消耗 $KMnO_4$ 溶液的体积，计算 $KMnO_4$ 标准溶液的浓度。

五、思考题

(1)配制的 $KMnO_4$ 标准溶液，为什么要经煮沸，并放置一周过滤后，才能标定?

(2)用 $Na_2C_2O_4$ 作为基准物标定 $KMnO_4$ 标准溶液时，应注意哪些因素?

(3)用 $(NH_4)_2Fe(SO_4)_2 \cdot 6H_2O$ 作为基准物标定 $KMnO_4$ 标准溶液，怎样计算 $KMnO_4$ 溶液浓度?

实验二十七　过氧化氢含量的测定(高锰酸钾法)

一、实验目的

掌握应用高锰酸钾法测定过氧化氢含量的原理和方法。

二、实验原理

市售的双氧水是含30%或3%的过氧化氢水溶液。H_2O_2 的含量可用高锰酸钾法测定。在酸性介质中 H_2O_2 与 $KMnO_4$ 发生下列反应：

$$2MnO_4^- + 5H_2O_2 + 6H^+ = 2Mn^{2+} + 5O_2\uparrow + 8H_2O$$

该反应能在室温下顺利进行。但开始时滴定的速度不宜太快，应逐滴加入。通常待到第一滴 $KMnO_4$ 溶液颜色褪去后，再加入第二滴。当反应到达化学计量点附近时，滴加一滴 $KMnO_4$ 溶液使溶液呈稳定的微红色且半分钟不褪色即为终点。双氧水中 H_2O_2 的含量计算式为：

$$\omega(H_2O_2)\% = \frac{c(KMnO_4)\,\text{mol/L}\cdot V(KMnO_4)\,\text{L}\times\frac{5}{2}M(H_2O_2)\,\text{g/mol}}{m(\text{样品质量})\,g}\times 100$$

三、仪器与试剂

1. 仪器

分析化学实验常用玻璃及其他器皿 1 套　电子分析天平

2. 试剂

$KMnO_4$ 标准溶液(实验二十六中标定)　H_2O_2 商品液(3%)　H_2SO_4(3.0mol/L)

四、实验内容

1. $KMnO_4$ 标准溶液浓度的标定

见实验二十六。

2. H_2O_2 含量的测定

用 10mL 移液管移取 3% 的双氧水于 250mL 容量瓶中，加入去离子水稀释至刻度，摇均匀。再用 25mL 移液管移取稀释液于 250mL 洁净的锥形瓶中，加入 20～30mL 的去离子水，15～20mL 3.0mol/L H_2SO_4 溶液，用 $KMnO_4$ 标准溶液滴定到溶液呈微红色且半分钟不褪色即为终点，记录消耗 $KMnO_4$ 溶液的体积，平行三次，极差应小于 0.05mL。根据 $KMnO_4$ 标准溶液浓度和消耗的体积，计算双氧水中 H_2O_2 的含量。

五、思考题

(1)用 $KMnO_4$ 法测定双氧水中 H_2O_2 的含量时，能否用 HNO_3，HCl 和 HAc 控制酸度，为什么?

(2)H_2O_2 含量的测定除用 $KMnO_4$ 法外，还可用碘量法测定。试写出用碘量法测定的有关方程式及 H_2O_2 含量的计算公式。

实验二十八　碘和硫代硫酸钠标准溶液的配制与标定

一、实验目的

(1)掌握 I_2 和 $Na_2S_2O_3$ 溶液配制方法和保存条件。

(2)学习标定 I_2 和 $Na_2S_2O_3$ 溶液浓度的原理和方法。

(3)掌握直接碘量法和间接碘量法的测定条件。

二、实验原理

碘量法是利用 I_2 的氧化性和 I^- 的还原性来进行测定的方法。碘量法中使用的标准溶液有 I_2 溶液和 $Na_2S_2O_3$ 溶液两种。

1. I_2 溶液的配制及标定

I_2 溶液可直接用基准试剂来配制准确浓度溶液，也可用普通试剂配制为粗略浓度溶液，再进行标定。I_2 微溶于水，易溶于 KI 溶液中，但在稀的 KI 溶液中也溶解很慢。因此配制 I_2 溶液时，不能过早的加水稀释，应先将 I_2 与 KI 混合，用少量水充分研磨，溶解完全后再加水稀释至所需体积，储存在棕色瓶中。

标定 I_2 溶液浓度，可用已标定好的 $Na_2S_2O_3$ 标准溶液来标定，也可用 As_2O_3 来标定。As_2O_3 有剧毒，难溶于水，但可溶于碱溶液中：

$$AsO_3 + 6OH^- = 2AsO_3^{3-} + 3H_2O$$

AsO_3^{3-} 与 I_2 溶液发生下列反应：

$$AsO_3^{3-} + I_2 + H_2O \rightleftharpoons AsO_4^{3-} + 2I^- + 2H^+$$

该反应是可逆的，随着反应进行，溶液酸度的增加，反应将向反方向进行。因此必须向溶液中加入过量的碳酸氢钠，使其 pH 值保持在 8 左右，实际滴定反应是：

$$AsO_3^{3-} + I_2 + 2HCO_3^- = AsO_4^{3-} + 2I^- + 2CO_2\uparrow + H_2O$$

此反应能定量进行。

2. $Na_2S_2O_3$ 溶液的配制及标定

硫代硫酸钠($Na_2S_2O_3 \cdot 5H_2O$)一般都含有少量的杂质，且易风化，因此不能直接配制准确浓度的溶液。又因为 $Na_2S_2O_3$ 溶液易受空气和微生物等的作用而分解，所以配制 $Na_2S_2O_3$ 溶液时需要用新煮沸并冷却的去离子水，再加入少量碳酸钠(浓度约为0.02%)使溶液呈碱性，以抑制细菌的再生长。另外，日光能促进 $Na_2S_2O_3$ 的分解，因此应储存于棕色瓶中，放置暗处，经过一周后标定。长期使用的溶液，应定期标定。

通常用重铬酸钾作为基准物，应用间接碘量法来标定 $Na_2S_2O_3$ 溶液的浓度。在酸性介质中 $K_2Cr_2O_7$ 与 KI 发生反应析出 I_2：

$$Cr_2O_7^{2-} + 6I^- + 14H^+ = 2Cr^{3+} + 3I_2 + 7H_2O$$

析出 I_2 再用 $Na_2S_2O_3$ 标准溶液滴定：

$$I_2 + 2S_2O_3^{2-} = S_4O_6^{2-} + 2I^-$$

三、仪器与试剂

1. 仪器

分析化学实验常用玻璃及其他器皿1套　电子分析天平

2. 试剂

As_2O_3(基准试剂)　$K_2Cr_2O_7$(基准试剂)　I_2(固体)　$Na_2S_2O_3 \cdot 5H_2O$(固体)

Na_2CO_3(固体)　HCl(2.0 mol/L)　$NaHCO_3$(固体)　KI(10%)

酚酞溶液(1%)　淀粉溶液(1.0%)　NaOH(6.0 mol/L)

四、实验内容

1. 0.05mol/L I_2 溶液配制

在台秤上称取6.5g I_2 和20g KI置于小烧杯中，加入少许去离子水，搅拌至 I_2 全部溶解后，加水稀释至500mL，转入棕色瓶中，摇均匀后放置过夜再标定。

2. 0.1mol/L $Na_2S_2O_3$ 溶液配制

在台秤上称取12.5g $Na_2S_2O_3 \cdot 5H_2O$ 置于小烧杯中，加入新煮沸已冷却的去离子水500mL，摇均匀后转入棕色瓶中，暗处放置一周后再标定。

3. 0.05mol/L I_2 溶液浓度的标定

(1) As_2O_3 标定 I_2 溶液。在分析天平上准确地称取干燥的 As_2O_3 基准物0.60~0.80g(精确0.1mg)于小烧杯中，加6 mL 6.0mol/L NaOH溶液，温热溶解后，加2滴酚酞指示剂，用6.0mol/L HCl溶液中和至红色刚好褪去，然后加入2g $NaHCO_3$，搅拌溶解后，将溶液定量转移到150mL容量瓶中，稀释至刻度，摇均匀。用25mL移液管移取稀释液于250mL洁净的锥形瓶中，加入20~30mL的去离子水和5g $NaHCO_3$ 固体，再加1mL淀粉溶液，用 I_2 标准溶液滴定到溶液呈蓝色且半分钟不褪色即为终点，记录消耗 I_2 溶液的体积，平行三次，极差应小于0.05mL。根据 As_2O_3 质量和消耗 I_2 溶液的体积，计算 I_2 标准溶液的浓度。

(2) $Na_2S_2O_3$ 标准溶液标定 I_2 溶液。用25mL移液管移取 $Na_2S_2O_3$ 标准溶液于250mL洁净的锥形瓶中，加入20~30mL的去离子水和1mL淀粉溶液，用 I_2 标准溶液滴定至溶液呈蓝色且半分钟不褪色即为终点，记录消耗 I_2 溶液的体积，平行三次，极差应小于0.05mL。根据 $Na_2S_2O_3$ 标准溶液的浓度和消耗 I_2 溶液的体积，计算 I_2 标准溶液的浓度。

4. 0.1mol/L $Na_2S_2O_3$ 溶液浓度的标定

在分析天平上准确地称取 $K_2Cr_2O_7$ 基准物0.6~0.9g(精确0.1mg)于小烧杯中，加30mL去离子水溶解后，定量转移到150mL容量瓶中，稀释至刻度，摇均匀。用25mL移液管移取稀释液于250mL洁净的锥形瓶中，加入20mL 10% KI溶液和5mL 6.0mol/L HCl溶液，摇均匀后盖上表面皿，在暗处放置5min。然后加50 mL去离子水稀释，用 $Na_2S_2O_3$ 溶液滴定至溶液为黄绿色时，加入1mL淀粉溶液，继续用 $Na_2S_2O_3$ 溶液滴定到蓝色变为绿色时即为终点，记录消耗 $Na_2S_2O_3$ 溶液的体积，平行三次，极差应小于0.05mL。根据 $K_2Cr_2O_7$ 质量和消耗 $Na_2S_2O_3$ 溶液的体积，计算 $Na_2S_2O_3$ 标准溶液的浓度。

五、思考题

(1)用 As_2O_3 标定 I_2 溶液时，为什么加入固体 $NaHCO_3$？能否用 Na_2CO_3 代替，为什么？

(2)用 $K_2Cr_2O_7$ 基准物标定 $Na_2S_2O_3$ 溶液时，为什么要加入过量的 KI 和 HCl 溶液？

实验二十九　商品硫化钠总还原能力的测定

一、实验目的

掌握用碘量法测定硫化钠总还原能力的原理和方法。

二、实验原理

商品 Na_2S 中常含有 Na_2SO_3 和 $Na_2S_2O_3$ 等还原性物质，碘量法测定的还原能力，实际上是商品 Na_2S 的总还原能力。

在弱酸性介质中，I_2 能氧化 S^{2-}。反应为：

$$H_2S + I_2 \xlongequal{} S + 2I^- + 2H^+$$

为了防止 S^{2-} 离子在酸性条件下生成 H_2S 而损失，在测定时应把硫化钠试液加到一定量过量 I_2 酸性溶液中，反应完毕后，再用 $Na_2S_2O_3$ 标准溶液滴定过量的 I_2。

I_2 与标准 $Na_2S_2O_3$ 溶液反应为：

$$I_2 + 2S_2O_3^{2-} \xlongequal{} S_4O_6^{2-} + 2I^-$$

商品 Na_2S 总还原能力用样品中含 Na_2S 的质量分数表示：

$$\omega(Na_2S)\% = \frac{\{[c(I_2)\mathrm{mol/L} \cdot V(I_2)\mathrm{L}] - [c(Na_2S_2O_3)\mathrm{mol/L} \cdot V(Na_2S_2O_3)\mathrm{L}]\} \times M(Na_2S)\mathrm{g/mol}}{m(\text{样品质量})\mathrm{g}} \times 100$$

三、仪器与试剂

1. 仪器

分析化学实验常用玻璃及其他器皿1套　电子分析天平

2. 试剂

I_2 标准溶液(0.05mol/L)　$Na_2S_2O_3$ 标准溶液(0.1mol/L)　淀粉溶液(1.0%)

HCl(2.0 mol/L)　Na_2S(商品试样)

四、实验内容

1. 配制样品试液

在分析天平上准确地称取 Na_2S 试样 1.2g(精确 0.1mg)于小烧杯中，加入少量去离子水溶解后，将溶液定量转移到150mL 容量瓶中，稀释至刻度，摇均匀。

2. Na_2S 试液总还原能力的测定

用25mL 移液管移取 0.05mol/L I_2 标准溶液于250mL 洁净的锥形瓶中，加入20～30mL 的去离子水和15mL 2.0mol/L HCl 溶液。再用25mL 移液管移取上述样品试液，加到 I_2 标准溶液中，边加边摇，使反应完全。然后用 0.1mol/L $Na_2S_2O_3$ 标准溶液滴定至浅黄色，加入1mL淀粉溶液，继续滴定至溶液的蓝色恰好消失即为终点，记录消耗 $Na_2S_2O_3$ 溶液的体积，平行三次，极差应小于0.05mL。根据 I_2 标准溶液的浓度和加入的体积、$Na_2S_2O_3$ 标准溶液的浓度和消耗的体积以及试样 Na_2S 质量，计算 Na_2S 试样总还原能力。

五、思考题

(1)本实验为什么不用 I_2 标准溶液直接滴定 Na_2S 试液？

(2)如果要测定商品中的 Na_2S(含 $Na_2S_2O_3$ 和 Na_2SO_3 杂质)实际含量，应怎样测定？

实验三十　硫酸铜中含铜量的测定

一、实验目的

掌握用间接碘量法测定铜含量的原理和方法。

二、实验原理

铜合金、铜矿及铜盐中含铜量的大小可用间接碘量法来测定。通常将样品处理成含 Cu^{2+} 离子溶液，在酸性条件中，加入过量的KI溶液，则反应析出 I_2：

$$Cu^{2+} + 4I^- \rightleftharpoons I_2 + 2CuI\downarrow$$

这里KI是还原剂、沉淀剂和配合剂($I_2 + I^- \rightleftharpoons I_3^-$)。生成的 I_2，以淀粉为指示剂，用 $Na_2S_2O_3$ 标准溶液滴定。由于CuI沉淀表面易吸附 I_2，会使分析结果偏低。为了减少CuI对 I_2 的吸附，可在大部分 I_2 被 $Na_2S_2O_3$ 溶液滴定后，加入KSCN溶液，使CuI沉淀转化为溶解度更小且不易吸附 I_2 的CuSCN沉淀，释放出 I_2：

$$CuI\downarrow + SCN^- \rightleftharpoons CuSCN\downarrow + I^-$$

但KSCN溶液不能加入太早，否则，在 I_2 含量较大时，SCN^- 离子有可能还原 I_2 而使测定结果偏低。若试样中含有铁杂质时，由于 Fe^{3+} 能氧化 I^- 生成 I_2，防碍铜的测定，所以需加入NaF以掩蔽杂质。

本实验测定硫酸铜中铜含量，若以铜的质量分数表示为：

$$\omega(Cu)\% = \frac{c(Na_2S_2O_3)\,mol/L \cdot V(Na_2S_2O_3)\,L \times M(Cu)\,g/mol}{m(\text{样品质量})\,g} \times 100$$

三、仪器与试剂

1. 仪器

分析化学实验常用玻璃及其他器皿1套　电子分析天平

2. 试剂

$Na_2S_2O_3$ 标准溶液(0.1mol/L)	H_2SO_4(1.0mol/L)	$CuSO_4$(固体试样)
KSCN(10%)	KI(10%)	淀粉溶液(1.0%)

四、实验内容

1. 样品称量

在电子分析天平上用减量法准确称取 0.5 ~ 0.8g(精确 0.1mg) $CuSO_4$ 试样 3 份，分别置于 3 个 250mL 洁净的锥形瓶中，加入 30mL 去离子水溶解。

2. 铜含量的测定

取上述溶解好的样品 1 份，加入 3mL 的 1.0mol/L H_2SO_4 溶液和 7 ~ 8mL 10% KI 溶液，摇均匀后，立即用 0.1mol/L $Na_2S_2O_3$ 标准溶液滴定到浅黄色，再加入 1mL 淀粉溶液，摇均匀，继续用 $Na_2S_2O_3$ 标准溶液缓慢滴定到浅蓝色。然后，加入 5mL 10% KSCN 溶液，摇动 5min，再用 $Na_2S_2O_3$ 标准溶液滴定到蓝色刚好消失，即为终点，记录消耗 $Na_2S_2O_3$ 溶液的体积。按照该方法依次滴定剩余两份试样。根据称得样品的质量、$Na_2S_2O_3$ 标准溶液的浓度和消耗的体积，计算铜盐中的铜含量。

五、思考题

(1)本实验为什么要加入 KSCN 溶液？如果酸化后立即加入 KSCN 溶液，对测定结果有何影响？

(2)如果要测定铜矿或铜合金中铜的含量，最好用什么基准物来标定 $Na_2S_2O_3$ 溶液？为什么在滴定中要加入 NaF？

(3)已知 $\varphi^{\ominus}(Cu^{2+}/Cu^{+}) = 0.16V$，$\varphi^{\ominus}(I_2/I^{-}) = 0.55V$，为什么本实验中 Cu^{2+} 能将 I^- 氧化为 I_2？

实验三十一　可溶性硫酸盐中硫含量的测定

一、实验目的

(1)了解晶形沉淀的沉淀条件、原理和沉淀方法。

(2)熟练掌握重量分析法的基本操作技能。

(3)学习可溶性硫酸盐中硫含量的测定原理和方法。

二、实验原理

硫酸钡重量分析法是测定可溶性盐中硫含量或钡含量的经典方法。测定可溶性盐中硫含量时，首先称取一定量的样品溶解，加稀酸酸化，加热至沸，在不断搅动下，慢慢地加入稀、热的 $BaCl_2$ 溶液。SO_4^{2-} 与 Ba^{2+} 反应生成 $BaSO_4$ 晶形沉淀，沉淀经陈化、过滤、洗涤、烘干、炭化、灰化、灼烧后，以 $BaSO_4$ 形式称重，可求出可溶性盐中 SO_4^{2-} 的含量。

$BaSO_4$ 溶解度很小，组成相当稳定。在过量的沉淀剂存在时，$BaSO_4$ 几乎不溶解。为了防止生成 $BaCO_3$、$BaHPO_4$ 沉淀及 $Ba(OH)_2$ 共沉淀，须在酸性溶液中进行沉淀。同时，适当的提高酸度，增加 $BaSO_4$ 在沉淀过程中溶解度，以降低其相对过饱和度，有利于获得较好的晶形沉淀。通常在 0.05mol/L HCl 溶液中进行沉淀。另外样品中应不含有酸不能溶解物质、易于被吸附的离子(如 Fe^{3+}、NO_3^- 等离子)和 Pb^{2+}、Sr^{2+} 离子，若含有它们须要预先处理样品。

本实验测定可溶性硫酸盐中的硫含量，若以 SO_4^{2-} 的质量分数表示：

$$\omega(SO_4^{2-})\% = \frac{m(BaSO_4)g \times M(SO_4^{2-})g/mol}{W(样品)g \times M(BaSO_4)g/mol} \times 100$$

三、仪器与试剂

1. 仪器

分析化学实验常用玻璃及其他器皿1套　干燥器(两人合用)　电子分析天平

瓷坩埚(2个)　坩埚钳(1把)　定量滤纸　定性滤纸

2. 试剂

HCl(2.0mol/L)　HNO_3(6.0 mol/L)　$BaCl_2$(10%)

$AgNO_3$(0.1mol/L)　可溶性硫酸盐试样

四、实验内容

1. 空坩埚的恒重

将洁净的坩埚放在800~850℃马福炉中灼烧。第一次烧40min，取出，在干燥器中冷却到室温，称量。然后再放入灼烧20min，取出，冷却后再称量。这样重复几次，直到两次称量质量之差不超过0.3mg，就认为坩埚已经恒重。

2. 样品称量

在分析天平上用减量法准确称取0.2~0.3g(精确0.1mg)试样两份分别于400mL洁净的烧杯中，加入25mL去离子水溶解，再加入5mL 2.0mol/L HCl 溶液，稀释至约200mL。加热至接近沸腾。

3. 沉淀的制备

取5~6mL10% $BaCl_2$ 溶液，加入去离子水稀释1倍，加热至近沸。然后在不断搅拌下，逐滴加入 $BaCl_2$ 热溶液于试样热溶液中，加完后，静置，待上层溶液澄清后，用 $BaCl_2$ 溶液检查沉淀是否完全。沉淀完全后，盖上表面皿(不要把玻棒拿出)，放置过夜陈化。也可以将沉淀放在水浴或沙浴上，保温40min，陈化。

4. 沉淀的过滤、洗涤和灼烧

用慢速定量滤纸倾泻法过滤。用热的去离子水洗涤沉淀至无 Cl^- 离子，(检查方法为：用表面皿随机接取洗液约1mL，滴加1滴硝酸和1滴 $AgNO_3$ 溶液，若产生白色混浊，则 Cl^- 离子没洗完全，继续洗涤；若无白色浑浊，则表示 Cl^- 离子洗涤完全)。用滤纸将沉淀包起来，放入恒重的坩埚中。经烘干、炭化、灰化后，在800~850℃的马福炉烧至恒重。计算样品中 SO_4^{2-} 的含量。

五、实验记录与处理

编号 实验项目		
取出试样的质量 W		
($BaSO_4$ + 坩埚)质量	① ②	① ②
坩埚质量	① ②	① ②
滤纸灰分质量		
$BaSO_4$ 质量		
$\omega(SO_4^{2-})$		
$\omega(SO_4^{2-})$平均值		

六、思考题

(1)为什么要在稀 HCl 介质中沉淀 $BaSO_4$？加入太多 HCl 溶液有何影响？

(2)为什么要在热溶液中沉淀 $BaSO_4$，而要冷却后才能过滤？晶形沉淀为何要陈化？

(3)用倾泻法过滤有何优点？

第6章　常用仪器分析

6.1　电化学分析法

电化学分析法是依据溶液中物质的电化学性质及其变化规律，建立在以电位、电导、电流和电量等电参数与被测物质某些量之间的计量关系的基础之上，对组分进行定性和定量分析的方法。

在电化学池中所发生的反应称为电化学反应。电化学池由电解质溶液和浸入其中的两个电极组成，两电极与外电路接通。在两个电极上发生氧化还原反应，电子通过连接两电极的外电路从一个电极流到另一个电极。根据溶液的电化学性质(如电极电位、电流、电导、电量等)与被测物质的化学或物理性质(如电解质溶液的化学组成、浓度、氧化态与还原态的比率等)之间的关系，将被测定物质的浓度转化为一种电参数加以测量。

电化学分析法概括起来一般可以分为三大类：第一类是通过试液的浓度在特定实验条件下与化学电池某一电参数之间的关系求得分析结果的方法。电导分析法、库仑分析法、电位法、伏安法和极谱分析法均属于这种类型。第二类是以容量分析为基础，利用电参数的变化来指示容量分析终点，根据所用标准溶液的浓度和消耗的体积求出分析结果。这类方法根据所测定的电参数不同可分为电导滴定法、电位滴定法和电流滴定法。第三类是电重量法(或称电解分析法)，该法是将直流电流通过试液，使被测组分在电极上直接还原沉积析出，并与共存组分分离，然后再对电极上的析出物进行重量分析以求出被测组分的含量。

电化学分析法具有测量范围宽、准确度高、设备较简单、价格低廉、调试和操作都比较简单以及容易实现自动化的特点，但在选择性方面，除离子选择性电极法、极谱法及控制阴极电位电解法外，电化学分析法的选择性一般都较差。电化学分析法主要用于物质组成和含量的定量分析，以及结构分析。同时，还可以作为化学平衡常数测定、化学反应机理的研究、电极反应过程动力学、氧化还原过程、催化反应过程、有机电极反应过程、吸附现象等科学研究的工具。

6.2　波谱分析法

6.2.1 概述

波谱分析主要是以光学理论为基础，以物质与光相互作用为条件，建立物质分子结构与电磁辐射之间的相互关系，从而进行物质分子几何异构、立体异构、构象异构、分子结构分析和鉴定的方法。波谱分析已成为现代物质分子结构分析和鉴定的主要方法之一。表6-1简要介绍了常见波谱分析方法的原理及谱图的表示方法。

表6-1 常见波谱分析方法的原理及谱图的表示方法

分析方法	缩写	分析原理	谱图的特征	结构信息
紫外光谱	UV	吸收紫外辐射的能量，引起分子中电子能级的跃迁	相对吸收紫外辐射的能量随吸收光波长的变化	吸收峰的位置、强度和形状，提供分子中不同电子结构的信息
红外光谱	IR	吸收红外辐射的能量，引起偶极矩净变化产生的分子振动和转动能级的跃迁	相对透射红外辐射的能量随透射光波长的变化	谱峰的位置、强度和形状，提供官能团或化学键的特征振动频率
核磁共振	NMR	在外磁场中，具有核磁矩的原子核，吸收射频能量，产生核自旋能级的跃迁	吸收射频能量随化学位移(共振频率)的变化	谱峰的化学位移、强度、耦合裂分和耦合常数，提供H核和C核的数目、所处的化学环境、连接方式和几何构型的信息
质谱	MS	分子在离子源中被电离，形成各种离子，通过质量分析器按不同m/z分离	以棒图形式表示离子的相对峰度随质核比m/z的变化	分子离子及碎片离子的质量数及其相对峰度，提供分子量、元素组成及结构的信息
拉曼光谱	Ram	采用激光照射物质，引起具有极化率变化的拉曼活性振动，产生拉曼散射	散射光能量随拉曼位移的变化	谱峰的位置、强度和形状，提供官能团或化学键的特征振动频率
荧光光谱	FS	被电磁辐射激发后，从最低单线激发态回到单线基态，发射荧光	发射的荧光能量随光波长的变化	荧光效率和寿命，提供分子中不同电子结构及不同物质之间的相互作用
X射线电子能谱	XPS	X射线照射物质表面，使表面原子中不同能级的电子激发成自由电子	X谱带位置与原子种类、分子结构有关	利用物质表面外层价电子产生的光电子来研究物质价态、电子结构及不同物质之间相互作用

波谱分析法具有快速、灵敏、准确、重现好的特点，在有机药物结构分析和鉴定研究中起着重要的作用，已成为新药研究、药物结构分析和鉴定常用的分析工具和重要的分析方法，同时也是药物化学、药物分析、药物代谢动力学、天然药物化学等学科必不可少的分析手段。在医药、环境、工业等方面有着广泛的应用。下面

着重介绍紫外-可见分光光度法。

6.2.2 紫外-可见分光光度法

紫外-可见分光光度法，又称紫外-可见分子吸收光谱法，是根据物质分子对波长为200~760nm这一范围电磁波的吸收特性所建立起来的一种定性、定量和结构分析的方法。

物质的吸收光谱本质上就是物质中分子和原子吸收了入射光中的某些特定波长的光能量，相应地发生了分子振动能级跃迁和电子能级跃迁的结果。紫外-可见分光光度法的定量分析基础是朗伯-比尔定律。即物质在一定波长下的吸光度与它的吸收介质厚度和吸光物质的浓度成正比。

紫外-可见分光光度计主要由5个部件组成：

(1)光源。必须具有稳定的、足够输出功率的、能提供仪器使用波段的连续光谱，如钨灯、卤钨灯(波长范围350~2500nm)，氘灯或氢灯(180~460nm)，或可调谐染料激光光源等。

(2)单色器。它由入射、出射狭缝、透镜系统和色散元件(棱镜或光栅)组成，是用以产生高纯度单色光束的装置，其功能包括将光源产生的复合光分解为单色光和分出所需的单色光束。

(3)试样容器，又称吸收池。供盛放试液进行吸光度测量之用，分为石英池和玻璃池两种，前者适用于紫外到可见区，后者只适用于可见区。容器的光程一般为0.5~10cm。

(4)检测器，又称光电转换器。常用的有光电管或光电倍增管，后者较前者更灵敏，特别适用于检测较弱的辐射。近年来还使用光导摄像管或光电二极管矩阵做检测器，具有快速扫描的特点。

(5)显示装置。这部分装置发展较快。较高级的光度计，常备有微处理机、荧光屏显示和记录仪等，可将图谱、数据和操作条件都显示出来。

仪器类型则有单波长单光束直读式分光光度计，单波长双光束自动记录式分光光度计和双波长双光束分光光度计。

紫外-可见分光光度法的特点首先是应用广泛，几乎化学元素周期表上的所有元素(除少数放射性元素和惰性元素之外)均可采用此法。其次，灵敏度高，选择性好，且分析成本低、操作简便、快速。可广泛用于各种物料中微量、超微量和常量的无机和有机物质的定量分析；还可用于推断分子的空间阻碍效应、氢键的强度、互变异构、几何异构现象等定性和结构分析；也可用于反应动力学研究和平衡溶液研究。

6.3 原子光谱分析法

原子光谱是由原子外层或内层电子能级的变化产生的，它的表现形式为线光谱。原子光谱分析法研究对象为原子光谱线的波长及其强度。光谱线的波长是定性分析的基础，光谱线的强度是定量分析的基础。

原子光谱分析法可分为原子发射光谱法、原子吸收光谱法和原子荧光光谱法。原子光谱分析法是利用原子对辐射的发射性质建立起来的分析方法，主要用于微量多元素的定量分析。原子吸收光谱法是利用原子对辐射的吸收性质建立起来的分析方法，主要用于微量单元素的定量分析。原子荧光光谱分析法是利用原子对辐射激发的再发射性质建立起来的分析方法，主要用于微量单元素的定量分析。

原子光谱分析法的主要特点表现为：①分析速度较快，操作简便。②不需纯样品。③可同时测定多种元素或化合物，省去复杂的分离操作。④选择性好，可测定化学性质相近的元素和化合物。⑤灵敏度高，可利用光谱法进行痕量分析。目前，相对灵敏度可达到千万分之一至十亿分之一，绝对灵敏度可达 $10^{-8} \sim 10^{-9}$g。⑥样品损坏少，可用于古物以及刑事侦察等领域。

6.4　色谱分析法

色谱分析法，又称层析法，是一种分离和分析方法，利用不同物质在不同相态的选择性分配，以流动相对固定相中的混合物进行洗脱，混合物中不同的物质会以不同的速度沿固定相移动，最终达到分离的效果。

色谱过程的本质是待分离物质分子在固定相和流动相之间分配平衡的过程，不同的物质在两相之间的分配会不同，这使其随流动相运动速度各不相同，随着流动相的运动，混合物中的不同组分在固定相上相互分离。

根据流动相的不同，色谱技术可以分为气相色谱和液相色谱。常见的方法有柱色谱法、薄层色谱法、气相色谱法和高效液相色谱法等。柱色谱法是最原始的色谱方法，这种方法将固定相注入下端塞有棉花或滤纸的玻璃管中，将被样品饱和的固定相粉末摊铺在玻璃管顶端，以流动相洗脱。薄层色谱法是应用非常广泛的色谱方法，这种色谱方法将固定相涂布在金属或玻璃薄板上形成薄层，用毛细管、钢笔或者其他工具将样品点染于薄板一端，之后将点样端浸入流动相中，依靠毛细作用令流动相溶剂沿薄板上行展开样品。

气相色谱是机械化程度很高的色谱方法，气相色谱系统由气源、色谱柱和柱温箱、检测器和记录器等部分组成。气源负责提供色谱分析所需要的载气。色谱柱根据结构可以分为填充柱和毛细管柱两种，填充柱比较短粗，直径在 5mm 左右，长度在 2 ~4m 之间，外壳材质一般为不锈钢，内部填充固定相填料；毛细管柱由玻璃或石英制成，内径不超过 0.5mm，长度在数十米到一百米之间，柱内或者填充填料或者涂布液相的固定相。柱温箱是保护色谱柱和控制柱温度的装置，在气相色谱中，柱温常常会对分离效果产生很大影响，程序性温度控制常常是达到分离效果所必须的，因此柱温箱扮演了非常重要的角色。检测器是气相色谱带给色谱分析法的新装置，实现了分离与检测的结合，随着技术的进步，气相色谱的检测器已经有超过30种不同的类型。记录器是记录色谱信号的装置，早期的气相色谱使用记录纸和记录器进行记录，现在记录工作都已经依靠计算机完成，并能对数据进行实时的化学计量学处理。

高效液相色谱（HPLC）是目前应用最多的色谱分析方法，高效液相色谱系统由流动相储液体瓶、输液泵、进样器、色谱柱、检测器和记录器组成，其整体组成类似于气相色谱，但是针对其流动相为液体的特点作出很多调整。HPLC的输液泵要求输液量恒定平稳；进样系统要求进样便利切换严密；由于液体流动相黏度远远高于气体，为了减低柱压，高效液相色谱的色谱柱一般比较粗，长度也远小于气相色谱柱。

色谱分析法的特点是：①具有极高的分辨效力。②具有极高的分析效率。③具有极高的灵敏度：样品组分含量仅数微克，或不足一个微克都可进行很好的分析。现代的色谱仪可检出10^{-11}～10^{-13}g的样品组分。一般样品中只要含有1 ppm（10^{-6}g），乃至1 ppb（10^{-9}g）的杂质，使用现代的色谱仪都可将之检出，而且样品还不需浓缩。④操作简便，应用广泛。当然，色谱法也有局限性，主要表现在定量分析中需要纯制的标准物质和不能精确地解决物质的化学结构问题。

实验三十二　直接电位法测定水的pH值

一、实验目的

（1）了解电位法测定水的pH值的原理与方法。

（2）学习酸度计的使用方法。

二、实验原理

玻璃电极与甘汞电极插入被测溶液中组成原电池：

$$-\ AgCl,\ Ag \mid HCl \mid 玻璃膜 \mid 试液 \parallel KCl(饱和) \mid Hg,\ Hg_2Cl_2\ +$$

在一定条件下，测得电动势与pH值的关系：

$$\begin{aligned} E &= E_{甘} - E_{玻} = E_{Hg_2Cl_2/Hg} - (K' - 0.059pH) \\ &= K'' + 0.059pH \end{aligned}$$

但因式中K''无法测得，因此在实际工作中，用酸度计测定溶液的pH值时，首先必须用已知pH值的标准缓冲溶液来校正酸度计（即“定位”），根据

$$E_x = K_x'' + 0.059pH_x,\ E_s = K_s'' + 0.059pH_s \Rightarrow pH_x = pH_s + \frac{E_x - E_s}{0.059} = pH_s + \Delta pH$$

上式测得测定液的相对pH值。校正时应选用与被测溶液pH值相接近的标准缓冲溶液，以减少在测量过程中可能由于液接电位、不对称电位以及温度变化等引起的误差。严格地讲，一支电极应用两种不同pH值的缓冲溶液校正，在用一种pH

值的缓冲溶液定位后，测第二种缓冲溶液的 pH 值时，误差应在 0.05 之内。校正后的酸度计可直接用来测量水或其他溶液的 pH 值。

玻璃电极测定 pH 值工作电池示意图如图 6－1 所示。

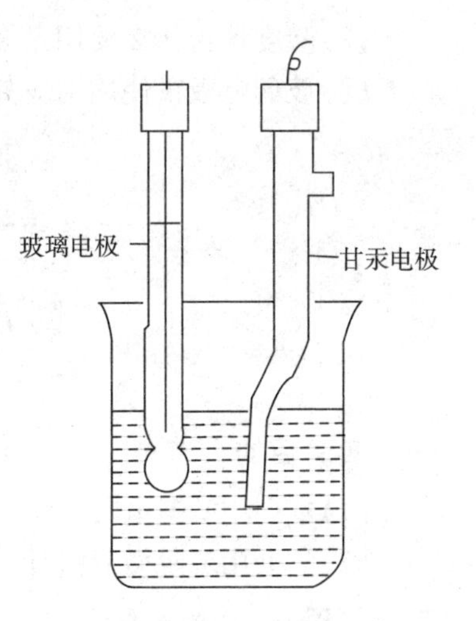

图 6－1　玻璃电极测定 pH 值工作电池示意图

三、221 型玻璃电极的使用方法

(1)在去离子水中过夜浸泡玻璃电极使其活化；

(2)将玻璃电极和甘汞电极插入标准缓冲溶液中，进行 pH 值的校正；

(3)用校正后的酸度计测量水溶液的 pH 值。

四、仪器与试剂

1. 仪器

25 型酸度计或 PHS－29A 型酸度计 1 台

221 型玻璃电极及 222 型饱和甘汞电极各 1 支

100 mL 烧杯 4 只

2. 试剂

pH＝4.00 的标准缓冲溶液（20℃）：标准缓冲溶液有效期两个月，其 pH 值随温度不同稍有差异。

五、实验内容

(1)将电极和烧杯用蒸馏水冲洗干净，用 pH＝4.00 的标准缓冲溶液淌洗电极 1～2 次，电极用滤纸吸干；

(2)用 pH＝4.00 的标准缓冲溶液校正酸度计，标准缓冲溶液用完后，可倒回原试剂瓶，反复使用。

(3)用水样将电极淌洗 4～5 次后，测量水样，由仪器刻度表上读取 pH 值，重复测量三次。

(4)测量完毕后，将电极和烧杯冲洗干净，妥善保管。

六、记录及分析结果

编号 测量内容			
pH 值			
个别绝对偏差			
相对平均偏差			

七、思考题

(1)电位法测定水的 pH 值原理？

(2)酸度计为什么要用已知 pH 值的标准缓冲溶液校正?

(3)玻璃电极在使用前应如何处理?为什么?

实验三十三　电位滴定法测定醋酸的酸度及解离平衡常数

一、实验目的

(1)掌握用酸碱电位滴定法测定醋酸酸度及解离平衡常数的原理和方法。

(2)学会用二阶微商法计算终点体积的方法。

二、原理

1. 二阶微商法计算终点体积($V_{终点}$)

在酸碱滴定的过程中，利用酸碱中和反应，随着滴定剂的不断加入，被测物与滴定剂发生酸碱中和反应，溶液的 pH 值不断变化。由加入滴定剂的体积 V 和测得的 pH 值，可绘制 $\Delta^2 pH/\Delta V^2 - V$ 滴定曲线。根据等当点时，二阶微商值等于零，计算出滴定终点时所消耗的终点体积($V_{终点}$)。

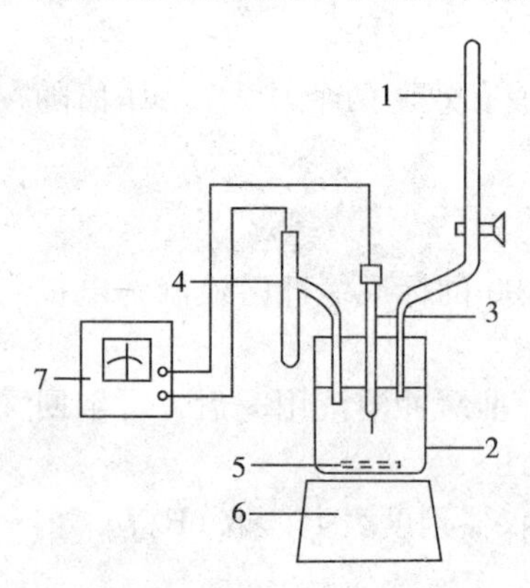

图 6-2　电位滴定仪器装置

1—滴定管；2—滴定池；3—指使电极；4—参比电极；5—搅拌棒；6—电磁搅拌器；7—电位计

2. HAc 电离常数的测定

醋酸在水溶液中的离解如下

$$HAc \rightleftharpoons H^+ + Ac^-$$

其离解常数

$$K_a = \frac{[H^+]\cdot[Ac^-]}{[HAc]}$$

当醋酸被 NaOH 滴定了一半时，溶液中

$$[Ac^-] = [HAc]$$

根据上式，此时 $[H^+] = K_a$ 或 $pH = pK_a$；由此可知，醋酸电离常数 K_a 的负对数值，就等于 NaOH 滴定一半时所对应的 pH 值。

三、PHS-2 型酸度计的使用

(1)在去离子水中过夜浸泡玻璃电极使电极活化；

(2)安装电极，调节零点；

(3)用邻苯二甲酸氢钾标准缓冲溶液(pH = 4.0)校准仪器；

(4)用蒸馏水洗净电极；

(5)将玻璃电极和甘汞电极插入到待测溶液中，测量溶液的 pH 值。

四、仪器和试剂

1. 仪器

PHS－2 型酸度计 1 台　玻璃电极及饱和甘汞电极各 1 支

2. 试剂

0.1mol/L NaOH 标准溶液 0.1mol/L 醋酸

邻苯二甲酸氢钾标准缓冲溶液（pH＝4.0）

五、实验内容

1. HAc 电位滴定过程中溶液 pH 值的测定

准确吸取 0.1mol/L HAc 溶液 20.00mL 于 150mL 烧杯中，用蒸馏水稀释至约 100mL，放入电极及铁芯搅拌棒，开动电磁搅拌器，用 0.1mol/L NaOH 标准溶液滴定，测量并记录消耗的 NaOH 溶液的体积（V_{NaOH}）和相对应的溶液 pH 值。

2. 内插法计算滴定终点时消耗 NaOH 溶液的体积数（$V_{终点}$）

$$V_{终点}=V_1+\frac{V_2-V_1}{\left(\frac{\Delta pH}{\Delta V}\right)_1-\left(\frac{\Delta pH}{\Delta V}\right)_2}\times\left[\left(\frac{\Delta pH}{\Delta V}\right)_1-\left(\frac{\Delta pH}{\Delta V}\right)_{终点}\right]\quad（内插法）$$

3. 计算 HAc 的准确浓度

$$C_{HAC}=\frac{V_{终点}\times C_{NaOH}}{20.00mL}$$

式中 C_{NaOH}——准确标定后的 NaOH 浓度。

4. 内插法计算 HAc 的 pK_a 值（$\frac{1}{2}V_{终点}$时对应的 pH 值）

$$pK_a=(pH)_1+\frac{(pH)_2-(pH)_1}{V_2-V_1}\times\left(\frac{1}{2}V_{终点}-V_1\right)\quad（内插法）$$

六、记录及分析结果

V_{NaOH}/mL	pH	ΔpH/ΔV	Δ^2pH/ΔV^2

七、思考题

(1)二阶微商法确定滴定终点的方法原理?

(2)为什么邻苯二甲酸氢钾溶液也可作为缓冲溶液?

实验三十四　离子选择电极法测定水中微量氟

一、实验目的

(1)了解用氟离子选择电极测定水中微量氟的原理与方法。

(2)了解总离子强度调节缓冲溶液的意义和作用。

(3)掌握标准加入法测定水中微量氟离子的方法。

二、原理

1. 氟离子电极

氟离子电极(LaF_3 单晶敏感膜电极，内装 0.1mol/L NaCl - NaF 内参比溶液和 Ag - AgCl 内参比电极)是一种电化学传感器，它将溶液中 F^- 活度转换成相应的电位。氟离子测量装置如图 6 - 3 所示。当氟电极插入溶液时，其敏感膜对 F^- 产生响应，在膜和溶液间产生一定的膜电位：

$$\varphi_{膜} = K - \frac{2.303RT}{F}\lg a_{F^-}$$

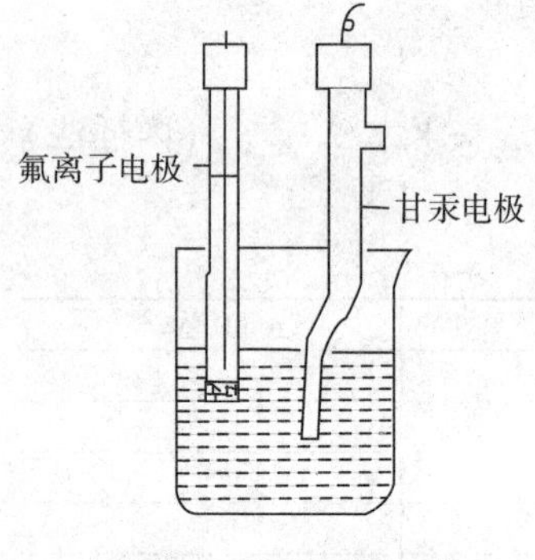

图 6 - 3　氟离子测量装置

当氟电极(指示电极)与饱和甘汞电极(参比电极)插入被测溶液中组成原电池时，电池的电动势 E 与 F^- 活度的关系

$$E = K' - \frac{2.303RT}{F}\lg a_{F^-}$$

当加入 TISAB(总离子强度调节缓冲溶液)时，由于离子活度系数 γ 为一定值，则电动势 E 与 F^- 离子浓度有如下的关系：

$$E = K'' - \frac{2.303RT}{F}\lg c_{F^-}$$

2. 标准加入法

当试液为离子强度比较大的金属离子溶液，且溶液中存在配位剂，若要测定金属离子的总浓度(包括游离的和配位的)，则应采用标准加入法。该法是在原待测试样(待测离子总浓度为 c_x，体积为 V_0)中，加入少量体积(V_s 约为原试液体积的1/100)高浓度(c_s 约为 c_x 的 100 倍)的待测离子标准溶液，根据加入标准溶液后试样浓度的增加量 ΔC，以及标准溶液加入前后电动势的差值 ΔE，推算出待测金属离子的总浓度 c_x。该法的优点是仅需一种标准溶液，操作简单快速，适用于组成比较复杂，份数较少的试样。

三、7601型氟电极的使用方法

(1)在去离子水中过夜浸泡氟电极使其活化；

(2)用去离子水洗到空白电位(E_0)为300mV左右。

(3)将氟电极和甘汞电极插入到待测溶液中，测量溶液的E值。

四、仪器和试剂

1. 仪器

7601型氟电极　232或222型甘汞电极　电磁搅拌器

2. 试剂

0.0100 mol/L 氟标准溶液　TISAB(总离子强度调节缓冲溶液)

五. 实验内容

标准加入法测定水中微量F^-的浓度:

(1)准确吸取50.00mL F^-试液于100mL容量瓶中，加入10mL TISAB溶液，用去离子水稀释至刻度，摇匀，吸取50.00mL于烧杯中，测定E_1。

(2)在上述试液中准确加入0.50mL(V_S)浓度约为10^{-2} mol/L (c_s)的氟标准溶液，混匀，继续测定E_2。

(3)在测定过E_2的试液中，加5 mL TISAB溶液及45 mL去离子水，混匀，测定E_3。

(4)计算水中微量F^-的浓度(c_x):

$$c_x = \frac{\Delta c}{10^{(E_2 - E_1)/S} - 1}$$

$$\Delta c = \frac{c_S \cdot V_S}{V_0}, \quad S = \frac{E_2 - E_3}{\lg 2} = \frac{E_2 - E_3}{0.301}$$

六、记录及分析结果

编号		
E_0		
E_1		
E_2		
E_3		
ΔC		
S		

七、思考题

(1)用氟电极测定F^-浓度的原理是什么?

(2)TIASB 包含哪些组分？各组分的作用怎样？

(3)标准加入法测定水中微量 F^- 的原理。

实验三十五　邻二氮杂菲分光光度法测定铁

一、实验目的

(1)了解 752 型紫外－可见分光光度计的构造和使用方法。

(2)掌握邻二氮杂菲分光光度法测定铁的方法。

二、实验原理

分光光度计光学系统如图 6－4 所示，其实验原理如下：

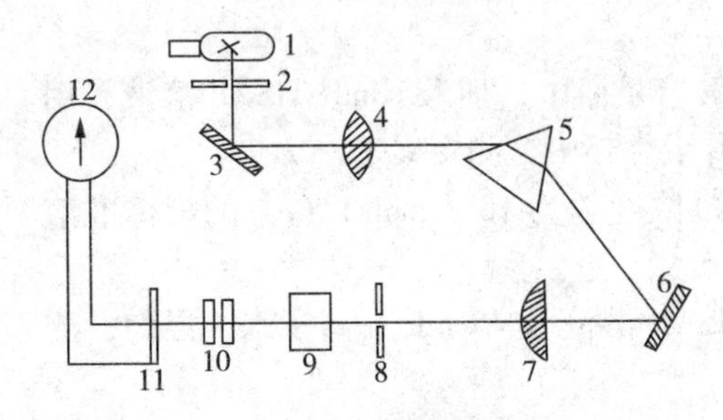

图 6－4　分光光度计光学系统示意图

1—光源；2—进光狭缝；3，6—反射镜；4，7—透镜；5—棱镜；8—出光狭缝；9—比色皿；10—光电调节器；11—硒光电池；12—检测器

1. 分光光度法及其测量条件

分光光度法主要利用的是物质对光的选择性吸收，按照郎伯—比尔定律，在一定的线性范围内(即浓度范围内)找出吸光度 A 与物质含量之间的定量关系。主要受显色条件和测量吸光度条件的影响，其中显色条件主要与显色剂的用量、介质的酸度、显色温度、显色时间以及干扰离子的消除等有关；而测量吸光度的条件则与入射波长 λ、吸光度范围以及参比溶液等有关。

2. 邻二氮杂菲－亚铁配合物

在显色前，首先用盐酸羟胺把 Fe^{3+} 还原为 Fe^{2+}，其反应式如下：

$$2Fe^{3+} + 2NH_2OH \cdot HCl \longrightarrow 2Fe^{2+} + N_2 + 2H_2O + 4H^+ + 2Cl^-$$

在 pH = 2 ~ 9 的条件下，Fe^{2+} 离子与邻二氮杂菲生成极稳定的橘红色配合物，其反应式如下：

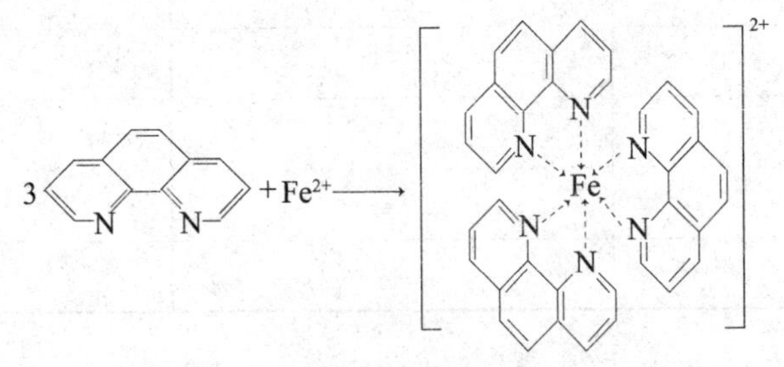

该配合物的 $\lg K_{稳} = 21.3$，摩尔吸光系数 $\varepsilon(510) = 1.1 \times 10^4$。

测定时，溶液酸度控制在 pH = 5.0，以避免酸度过高导致反应速度过慢，酸度

过低 Fe^{2+} 水解，从而影响显色；此外，若溶液中存在着可与显色剂生成沉淀(Bi^{3+}、Cd^{2+}、Hg^{2+}、Ag^{+}、Zn^{2+})或有色配合物(Ca^{2+}、Cu^{2+}、Ni^{2+})离子时，应注意它们的干扰作用。

三、752 型紫外－可见分光光度计的使用

(1)打开电源开关，使仪器预热 20min；

(2)按“方式键”(MODE)将测试方式设置为吸光度方式；

(3)按“波长设置”键(p，σ)设置想要的分析波长；

(4)打开样品室盖，将盛有参比和被测溶液(约 1.0 cm)的比色皿分别插入比色槽中，盖上样品室盖；

(5)将参比溶液推入光路中，按“100% T”键调整零 ABS；

(6)将被测溶液拉入到光路中，此时显示器上所显示的是被测样品的吸光度值。

四、试剂

10μg/mL 的铁标准溶液　　10% 的盐酸羟胺溶液

0.1% 的邻二氮杂菲溶液　　1mol/L NaAc 溶液

五、实验内容

1. 吸收曲线的测绘

准确移取 10μg/mL 铁标准溶液 5.00mL 于 50mL 容量瓶中，加入 10% 盐酸羟胺溶液 1.00mL，摇匀，稍冷，加入 1mol/L 溶液 5.00mL 和 0.1% 邻二氮杂菲溶液 3.00mL，以蒸馏水稀释至刻度，采用 752 型紫外－可见分光光度计，用比色皿以蒸馏水为参比溶液，用不同的波长从 570nm 开始到 430nm 为止，每隔 10 或 20nm 测定一次吸光度(其中从 530～490nm，每隔 10nm 测一次)。然后以波长为横坐标，吸光度为纵坐标绘制出吸收曲线，从吸收曲线上确定该测定样品的最大吸收波长。

2. 标准曲线的测绘

取 50 mL 容量瓶 6 只，分别移取 10μg/mL 铁标准溶液 2.00mL、4.00mL、6.00mL、8.00mL 和 10.00mL 于 5 只容量瓶中，另一容量瓶中不加铁标准溶液。然后各加 1.00mL 10% 盐酸羟胺，摇匀，经 2min 后，再各加 5.00mL 1 mol/L NaAc 溶液及 3.00mL 0.1% 邻二氮杂菲，以蒸馏水稀释至刻度，摇匀。在分光光度计上，用比色皿在上述实验测得的最大吸收波长处，测定各溶液的吸光度。以铁含量为横坐标，吸光度为纵坐标，绘制标准曲线。

3. 未知液中铁含量的测定

吸取 5.00 mL 未知液代替标准溶液，其他步骤均同上，测定吸光度。由未知液的吸光度在标准曲线上查出 5.00 mL 未知液中的铁含量，然后以每毫升未知液中含铁多少微克表示结果。

六、记录及分析结果

比色皿：________　　光源电压：________

1. 吸收曲线的测绘

波 长/nm	吸光度 A	波 长/nm	吸光度 A
570		500	
550		490	
530		470	
520		450	
510		430	

2. 标准曲线的测绘与铁含量的测定

试液编号	标准溶液的量/mL	总铁含量/μg	吸光度
1	0	0	
2	2.00	20	
3	4.00	40	
4	6.00	60	
5	8.00	80	
6	10.00	100	
未知液	5.00		

七、思考题

(1)邻二氮杂菲分光光度法测定铁的原理、反应 pH 值条件、用什么控制酸度、加 $NH_2OH-HCl$ 的目的?

(2)为什么绘制吸收曲线?为什么在最大吸收波长下测定?每改变一次 λ,是否需要用参比液进行重新调零?

(3)为什么绘制标准曲线?如何绘制标准曲线?是否每测一点必须用参比液进行调零?

实验三十六　配位化合物配位数及稳定常数的测定

一、实验目的

(1)学习了解分光光度法测定配位化合物组成及其稳定常数的原理和方法。

(2)学习掌握 721 型分光光度计的使用方法。

二、实验原理

磺基水杨酸与 Fe^{3+} 可形成稳定的配位化合物。形成配位化合物时，其组成因pH值不同而改变；在pH值为2～3时，生成紫红色的配位化合物（有一个配位体）；pH值为4～9时，生成红色配位化合物（有2个配位体）；pH值为9～11.5时，生成黄色的配位化合物（有三个配位体）；pH＞12时，有色配位化合物被破坏而生成 $Fe(OH)_3$ 沉淀。本实验是在pH＝2.0时测定磺基水杨酸铁配位化合物的组成和稳定常数。

实验用等物质的量连续变化法（或称浓比递变法）。所谓等物质的量连续变化法，就是保持溶液中金属离子的浓度（c_M）与配位体的浓度（c_L）之和不变（即总物质的量不变）的前提下，改变 c_M 与 c_L 的相对量，配制一系列溶液。只有形成体M和配体L的摩尔比与配离子的组成一致时，配离子的浓度才最大。因此，在吸光度－组成图上，吸光度最大值对应的溶液组成就是配离子的组成。具体操作时取用物质的量浓度相等的 Fe^{3+} 溶液和磺基水杨酸溶液，按照不同的体积比（即物质的量数之比）配制一系列溶液，测定其吸光度。若以吸光度 A 为纵坐标，以配位体的体积分数 F（摩尔分数）为横坐标作图，得一曲线，如图6－5所示。将曲线两边的直线部分延长，相交于a点，a点对应的吸光度为 A'。由a点的横坐标可得到配离子中M与（M＋L）的物质的量之比 F，由此可求出配位数 n 值。例如，图中所示 $F=0.5$，则：

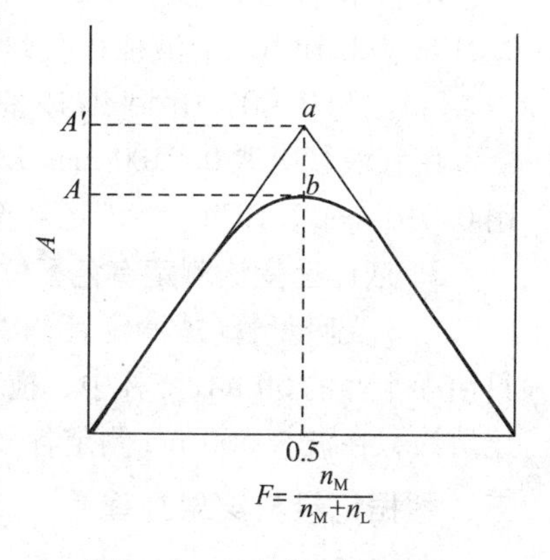

图6－5　吸光度－组成图

$$\frac{n_M}{n_M+n_L}=0.5，\quad \frac{n_L}{n_M+n_L}=0.5，\quad 所以\frac{n_L}{n_M}=1$$

即该配位离子的组成为ML型。由于配合物有一部分离解，实际曲线的最大吸收处b点对应的吸光度 A 小于a点对应的吸光度 A'，而配合物的离解度 $\alpha=\frac{A'-A}{A'}$。配合物的表观稳定常数 K 可由平衡关系导出：

	ML ⇌	M(aq) ＋	L(aq)
起始浓度/(mol/L)	c	0	0
平衡浓度/(mol/L)	$c-c\alpha$	$c\alpha$	$c\alpha$

$$K_{稳(表观)}=\frac{c(ML)}{c(M)\cdot c(L)}=\frac{1-\alpha}{c\cdot\alpha^2}$$

式中，c 表示b点时中心离子的浓度。$K_{稳(表观)}$ 是一个没有考虑溶液中 Fe^{3+} 的水解平衡和磺基水杨酸的电离平衡的常数。如果考虑磺基水杨酸的电离平衡，则对表观稳定常数要加以校正，校正后即可得 $K_{稳}$。校正公式为：$\lg K_{稳}=\lg K_{稳(表观)}+\lg\alpha$，在pH＝2.0时，$\lg\alpha=10.2$。

三、仪器与试剂

1. 仪器

721 型分光光度计　　50 mL 烧杯(11 只)　　80 mL 烧杯

100 mL 容量瓶（2 个）　　10 mL 移液管(3 支)　　洗耳球

2. 试剂

高氯酸 $HClO_4$(0.010mol/L，pH = 2.0)　　磺基水杨酸(0.0100mol/L)

硫酸铁铵 $Fe(NH_4)(SO_4)_3$(0.0100 mol/L)

四、实验步骤

1. 配制 0.0010 mol/L Fe^{3+} 溶液

用移液管吸取 0.010mol/L Fe^{3+} 溶液 10.00mL，注入 100mL 容量瓶中，用 0.010mol/L $HClO_4$ 溶液稀释至刻度，摇匀备用。

2. 配制 0.00100mol/L 磺基水杨酸溶液

用移液管吸取 0.0100 mol/L 磺基水杨酸溶液 10.00mL，注入 100 mL 容量瓶中，用 0.010 mol/L $HClO_4$ 溶液稀释至刻度，摇匀备用。

3. 浓比递变法测定有色配位离子的吸光度

用 3 支吸量管（或滴定管〉按表中列出数量量取各溶液，分别注入已编号的 11 只洁净干燥的 50 mL 烧杯中，搅匀。在 721 型分光光度计上，以 1 号或 11 号作参比溶液，在波长 500 nm 测定各号溶液的吸光度值 *A*，记录在表中。

五、数据记录与结果处理

1. 数据记录

溶液编号	0.01mol/L $HClO_4$/mL	0.001mol/L Fe^{3+}/mL	0.001mol/L 磺基水杨酸/mL	磺基水杨酸所占摩尔分数	混合液吸光度值 *A*
1	10.00	10.00	0.00	0.0	
2	10.00	9.00	1.00	0.1	
3	10.00	8.00	2.00	0.2	
4	10.00	7.00	3.00	0.3	
5	10.00	6.00	4.00	0.4	
6	10.00	5.00	5.00	0.5	
7	10.00	4.00	6.00	0.6	
8	10.00	3.00	7.00	0.7	
9	10.00	2.00	8.00	0.8	
10	10.00	1.00	9.00	0.9	
11	10.00	0.00	10.00	1.0	

2. 作图

以吸光度 *A* 为纵坐标，磺基水杨酸的摩尔分数或体积分数为横坐标作图。从图中找出实际最大的吸光度 *A* 值，并延长曲线两边直线部分相交得最大吸光度 *A'* 值，算出磺基水杨酸铁配位离子的组成，表观稳定常数及稳定常数。

六、思考题

(1) 在测定吸光度时，如果温度有较大变化对测定的稳定常数有何影响？

(2) 在实验中，每种溶液的 pH 值是否一样？如不一样对结果有何影响？

实验三十七　原子吸收光谱分析法测定自来水中镁含量

一、实验目的

(1) 掌握原子吸收光谱分析法的基本原理。

(2) 了解原子吸收分光光度计的主要结构，并学习其操作和分析方法。

(3) 学习选择操作条件和干扰抑制剂的应用。

(4) 了解从回收率来评价分析方案和测得结果的方法。

二、实验原理

1. 标准曲线法测定镁的含量

溶液中的镁离子在火焰温度下变成镁原子蒸气，光源空心阴极镁灯辐射出波长为 285.2nm 的镁特征谱线，被镁原子蒸气强烈吸收，其吸收的强度与镁原子蒸气的浓度关系符合朗伯－比尔定律，即

$$A = \lg \frac{1}{T} = kNL$$

镁原子蒸气浓度 N 与溶液中镁离子浓度 c 成正比，当测定条件固定时，

$$A = Kc$$

利用 A 与 c 的关系，用已知不同浓度的镁离子标准溶液测出不同的吸光度，绘制成标准曲线，根据测试液的吸光度值，从标准曲线求出试液中镁的含量。

2. 干扰抑制剂

自来水中除镁离子外还含有其他阴离子和阳离子，这些离子对镁的测定会产生干扰，使测量结果偏低。加入锶离子做干扰抑制剂，可以获得准确的结果。

3. 回收试验

对于试样的组成不完全清楚或分析反应不完全引起的系统误差，可以采用回收试验进行校正。该法是向试样中或标准试样中加入已知含量的被测组分的纯净物质，然后用同一方法进行测定，由测得的增加值与加入量之差，估算系统误差，并对结果进行校正。

三、TAS－990 型原子吸收仪的操作

原子吸收分光光度计如图 6－6 所示。其操作步骤如下：

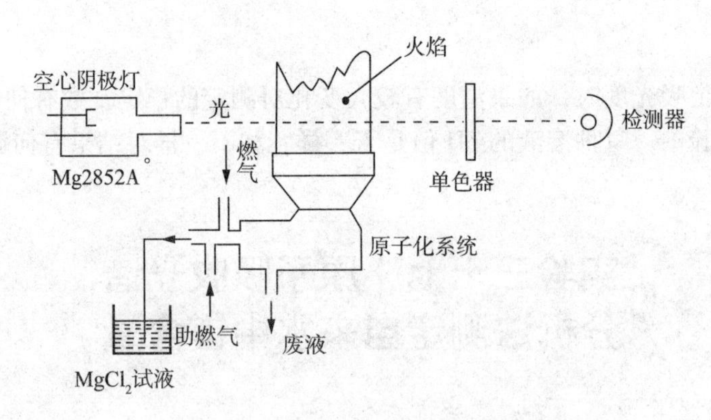

图6－6　原子吸收分光光度计示意

1. 开机

依次打开打印机，显示器，计算机开关，等计算机完全启动后，打开原子吸收主机电源，打开盖箱。

2. 仪器初始化

(1)双击“AAwin”图标，选择联机方式，点击“确定”，初始化3～5min。

(2)选择元素灯和预热灯(双击元素灯位置，可更改灯位置上的元素符号)。点击“下一步”，出现“设置元素测量参数”窗口。

(3)设定光谱带宽，燃气流量，燃烧器高度等参数(一般工作灯电流，预热灯电流，负高压以及燃烧器位置不用更改)，点击“下一步”，出现“设置波长窗口”。

(4)不要更改默认的波长值，直接点击“寻峰”，寻峰完毕，出现最大吸收波长对应的吸收峰，点击“关闭”，点击“下一步”，点击“完成”。

3. 火焰吸收的光路调整

点击“仪器”下的“燃烧器参数”，输入燃气流量和高度(直接影响吸收值 A 的大小)，点击“执行”，用白色滤纸观察光电即燃烧头是否在光路的正上方，若有偏离，更改相应参数，点击“执行”，可以反复调节，直到燃烧头和光路平行并位于光路正上方(如不平行，可通过手动调节燃烧头角度来完成)，点击“确定”。

4. 设置样品：点击“样品”图标

(1)选择校正方法(一般为标准曲线法)，曲线方程(一般为一次方程)，浓度单位，样品名称和起始编号，点击“下一步”；

(2)输入标准样品的浓度和个数(可依照提示增加和减少标准样品的数量)，点击“下一步”；

(3)选择需要或不需要空白校正和灵敏度校正(一般为不要)，然后点击“下一步”；

(4)输入待测样品数量，名称，起始编号，以及相应的稀释倍数等信息，点击“完成”。

5. 设置参数：点击“参数”图标，弹出测量参数窗口。

(1)“常规”：输入标准样品，空白样品，未知样品等的测量次数(测几次计算出平均值)，选择测量方式(手动或自动，一般为自动)，输入间隔时间和采样延时(一般均为1s)；

(2)“显示”：设置吸光值最小值和最大值(一般为0~0.7)，刷新时间(一般为300s)；

(3)“信号处理”：设置计算方式(一般火焰吸收为连续或高峰)，积分时间和滤波系数(积分为1，系数为0.3s)；

(4)“质量控制”：适用于带自动进样的设备；

点击“确定”，退出参数设置窗口。

6. 测量

(1)依次打开空气压缩机的风机开关，工作开关，调节压力调节阀，使空气压力为0.2~0.25MPa；打开乙炔钢瓶主阀，调节出口压力为0.05~0.06MPa，检查水封；点击“点火”图标，火焰稳定后，首先吸喷纯净水(将塑料管插入蒸馏水中)15min，防止燃烧头结盐；

(2)点击“测量”，吸喷空白液(将塑料管插入到空白液中)校零，即线平直后，吸喷标准溶液，点击“开始”；每测一次标准溶液前，均需吸喷空白液校零，最终得到标准曲线；按照相同操作方法测量未知样；测量完后，点击“终止”，退出测量窗口，关闭乙炔钢瓶主阀，点击“确定”，退出“熄火提示窗口”吸喷纯水1min；

(3)点击“视图”下的“校正曲线”，查看曲线的相关系数，决定测量数据的可靠性，点击“保存”或“打印”处理。

7. 关机

依次关闭AAwin软件，原子吸收主机电源，乙炔钢瓶主阀，空压机工作开关，按放水阀，排空气压缩机中的冷凝水，关闭风机开关，退出计算机Windows操作程序，关闭打印机，显示器和计算机电源。盖上仪器罩，检查乙炔是否已经关闭，清理实验室。

四、仪器和试剂

1. 仪器

TAS-990型原子吸收分光光度计　镁元素空心阴极灯　乙炔　空气供气设备

容量瓶(50mL 17支，100mL 1支)　吸量管(1mL 1支，5mL 3支)

2. 试剂

10.00μg/mL镁的标准溶液　10.00mg/mL锶溶液　二级纯盐酸

硝酸　去离子水　自来水样

五．实验内容

1. 调整波长和电流

调整波长到285.2nm，灯电流3mA。

2. 燃气和助燃气比例的选择

调整空气压力为0.2 MPa和流量，使雾化器处于最佳雾化状态。再用去离子水调$A=0$，然后固定乙炔压力为0.05 MPa，改变乙炔流量，测量50 mL 0.40 μg/mL镁标准液(含2.00 mL锶溶液)的A值。记录各种压力、流量下的A值(注意：每改变乙炔流量，都要用去离子水调节A至零)，经若干次测试后，从记录结果选择出稳定性好且A值又较大时的乙炔－空气的压力和流量。

3. 燃烧器高度的选择

改变燃气高度，测定上述标准镁溶液的A值，选择出稳定性好且A值又较大的燃烧器高度。

4. 干扰抑制剂锶溶液加入量的选择

移取自来水样5.00 mL，分别放入6只50 mL容量瓶中，分别加入2mL 1∶1 HCl；六瓶中分别加入0.00mL、1.00mL、2.00mL、3.00mL、4.00mL、5.00mL锶溶液，用水稀释至刻度，摇匀。每次用去离子水调A为零，依次测定各瓶试样的吸光度，由测得的稳定性好且A值较大的结果，选择出抑制干扰最佳的锶溶液加入量。

5. 标准曲线的绘制

于6只50 mL容量瓶中，分别加入0.00μg、10.00μg、20.00μg、30.00μg、40.00μg、50.00μg镁的标准溶液，每瓶中加入选得的最佳量锶溶液，每次用去离子水调零，依次测得各瓶溶液的A值，以此数据绘制出标准曲线。

6. 自来水样的测定

准确移取5.00 mL自来水样两份，分别置于50 mL容量瓶中加入最佳量的锶溶液，用去离子水稀释至刻度，摇匀；用去离子水调零，测出其A值，再由标准曲线查出水样中镁的含量m。

7. 回收率的测定

准确移取5.00 mL自来水样两份，分别置于50 mL容量瓶中，加入已知量的镁标准溶液，再加最佳量的锶溶液，用去离子水稀释至刻度，摇匀；用去离子水调零，测出其A值，再由标准曲线查出镁的含量，根据回收率公式计算出样品的回收率。

六、数据记录与处理

波长：________ 灯电流：________ 乙炔－空气压力：________

乙炔－空气流量：__________ 助燃器高度：__________

1. 锶溶液加入量的选择

编号	锶溶液的量/mL	吸光度	编号	锶溶液的量/mL	吸光度
1	0.00		4	3.00	
2	1.00		5	4.00	
3	2.00		6	5.00	

2. 标准曲线的测绘与镁含量的测定

编号	镁含量/μg	吸光度	编号	镁含量/μg	吸光度
1	0.00		5	40.00	
2	10.00		6	50.00	
3	20.00		未知液	5.00	
4	30.00				

根据下式计算出镁的浓度：

$$c(\mathrm{mg/L}) = \frac{m(\mu\mathrm{g})}{V(\mathrm{mL})}$$

3. 回收率的测定

试液编号	加入的镁量/μg	吸光度	总的镁含量/μg
1	5.00		
2	5.00		

根据下式计算出镁的回收率：

$$回收率\% = \frac{测得总镁量 - 水样中镁量}{加入的镁量} \times 100$$

七、思考题

(1)原子吸收光谱分析法的原理？

(2)连续测定几个试样为什么每次都要用去离子水调零？

(3)是否可用回收率来校正测量结果？如何校正？

实验三十八　苯系物的定性、定量分析

一、实验目的

(1)掌握 SP-2100 型气相色谱仪的操作和苯系物的分析。

(2)掌握用保留值定性的方法。

(3)学习色谱校正因子的测定。

(4)学习面积归一化法计算各组分的含量。

二、实验原理

1. 气相色谱定性、定量原理(面积归一化法)

气相色谱分析流程见图6-7。

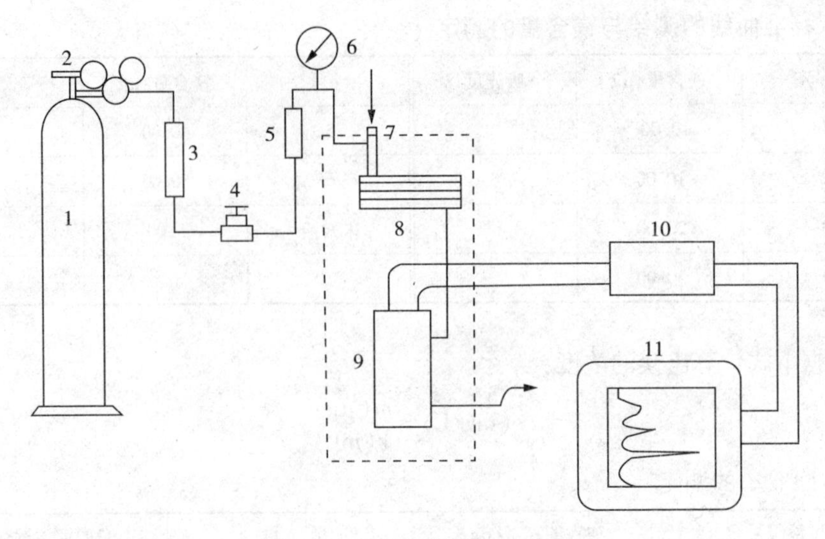

图6-7　气相色谱分析流程图

1—载气钢瓶；2—减压阀；3—净化干燥器；4—针形阀；5—流量计；
6—压力表；7—进样器、气化室；8—色谱柱；9—检测器；10—放大器；11—记录仪

定性原理：利用物质在气固或气液两相中的分配系数差异进行分离的分析方法，称之为气相色谱法；按照同一物质在相同色谱条件下保留时间(t_R)一致，进行气相色谱的定性分析。

定量原理：确定各组分百分含量的方法，称之为气相色谱的定量。根据样品洗脱情况，通常的定量方法分为内标法、外标法和面积归一化法三种。当混合样中所有组分均被洗脱时，可用面积归一化法计算各组分的含量，其计算公式如下所示：

$$C\% = \frac{m_i}{m_1 + m_2 + m_3 + m_4 + \cdots\cdots + m_i} \times 100 = \frac{f'_i A_i}{\sum_{i=1}^{n} f'_i A_i} \times 100$$

其中f'_i为相对校正因子，其值大小等于某物质的绝对校正因子与标准物质的绝对校正因子的比值：

$$f'_i = \frac{f_i}{f_s} = \frac{A_s m_i}{A_s m_i}$$

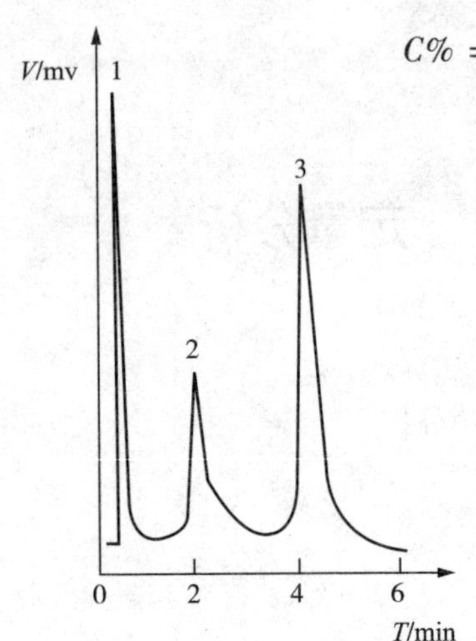

图6-8　苯系物色谱图

1—苯；2—甲苯；3—乙苯

2. 苯系物

苯系物指苯、甲苯、乙苯等混合物，在本实验中使用有机皂土配入适量的邻苯二甲酸二壬酯作固定液，氢气作载气，在适当的色谱条件下(柱温、进样器温度、检测器温度、热丝温度、桥电流、载气流速等)，能将各组分分开，其色谱图如图6-8所示。

三、SP－2100型气相色谱仪的操作

1. 仪器的操作及参数的设定

(1)通载气：打开H_2瓶总阀，输出压力调为0.4MPa，调节仪器气路箱板面的两路载气稳压阀，以获得TCD检测器的流量；

(2)通电：打开电源开关；

(3)检查或设定仪器的工作参数。

设定柱箱温度、进样器温度、TCD检测器温度；待仪器显示“就绪”后，设定热丝温度、放大、极性；操作条件如下：

参　数	TCD检测器	参　数	TCD检测器	参　数	TCD检测器
柱箱温度/℃	110℃	桥电流/mA	160～170 mA	进样量/μL	单纯品　0.5 混合样　1.0
进样器温度/℃	150℃	放大	1	满屏时间 min	8
TCD检测器温度/℃	130℃	极性	负	满屏量程/mA	80
热丝温度/℃	160℃	载气流速/(mL/min)	H_2：50		

(4)稳定仪器：先调零点平衡粗调(调节气路板面后方的多圈电位器)，将输出调在±100 mV以内。检测器达到热平衡后，然后再按板面上的“调零”按键将基线调零。

2. 进样

当基线足够稳定时，即可进样分析：

(1)用去离子水彻底清洗10μL微量注射器；

(2)用几微升样品溶剂润洗注射器2～3次；

(3)用注射器从样品容器中慢慢抽出几微升样品，取出注射器，将注射器的推杆仔细地推倒1μL刻度处(注意将气泡排出)；

(4)将注射器的针头全部插入到进样器中，迅速进样并拔出注射器，同时按下数据处理装置的“启动”按钮，开始采集并显示谱图。

3. 谱图的采集及数据处理

(1)谱图的采集：

①“文件”“工作目录”，在弹出的对话框中选择某一文件夹作为程序的工作目录；

②“文件”“新建”；

③ 在“谱图参数表”的“信号通道”里选择谱图信号的采集通道；

④ 选择“操作”菜单中的“谱图采集”命令，这时文档窗口谱图区内开始有谱图走动；

⑤当所有峰出完后，选择“操作”菜单中的“手动终止”命令；

(2)校正归一法操作步骤：

①检查“定量组分表”里是否已含有校正因子。若无，则应按计算校正因子操作

步骤计算待测组分的校正因子：

A. 在谱图中用鼠标指着某一组分对应的峰，按下鼠标右键在弹出的菜单中选择“自动填写定量组分表中套峰时间”命令。重复此步，将标样中全部组分所对应的峰选进“定量组分表”；

B.“定量组分表”里填上标样中各组分的质量(g)；

C. 在“定量方法表”中选择“计算校正因子”；

D. 选择“操作”菜单中“定量计算”命令，程序随即将计算结果填入“定量结果表”中；

E. 在“定量组分表”中单击“取校正因子”，将刚刚计算得到的但尚在“定量结果表”中的校正因子取到“定量组分表”中；

F. 选择“文件”菜单中的“存为模板”命令将上述文档窗口中的几张表格保存到当前工作目录下的“默认模板 . tab”。

②待测样品质量百分含量的计算：

A. 按谱图处理操作步骤所述采集并处理待测样品的谱图数据；

B. 在“定量方法表”中选择“校正归一”；

C. 选择“操作”菜单中“定量计算”命令，程序随即将计算结果填入“定量结果表”中。

4. 仪器的关闭：

(1) 将 TCD 热导检测器热丝温度设定为关闭；

(2) 关闭仪器的总电源，并从电源插座上拔下仪器的电源电缆插头；

(3) 关闭载气气瓶总阀。

四、仪器和试剂

1. 仪器

SP－2100 型气相色谱仪　微量注射器　氢气钢瓶

2. 试剂

101 白色担体(60～80 目)　固定液　有机皂土－34 ＋ 邻苯二甲酸二壬酯

苯、甲苯、乙苯单样的标准样品(分析纯)　苯、甲苯、乙苯混合标准样(分析纯)

五、实验内容

1. 苯系物的定性分析

根据保留值用苯、甲苯和乙苯的单样标准液定性混合液中的三组分；

2. 苯系物的定量分析

归一化法计算各组分的含量：

(1)校正因子的求取：将已知组分量(g)的标准混合溶液用“计算校正因子”法计算出校正因子；

(2)待测样品百分含量的计算(“校正归一”化法计算)。

六、记录及分析结果

打印出实验结果，包括：保留时间、组分名称以及质量百分含量等数据结果的色谱图谱。

七、思考题

(1)保留值定性分析的原理?

(2)如何用面积归一化法进行定量?

实验三十九　离子交换液相色谱法分离标准蛋白混合物

一、实验目的

(1)掌握 AKTA Purifier－900 型液相色谱仪的操作。

(2)掌握离子交换色谱分离蛋白的原理。

(3)掌握液相色谱定性分析方法。

(4)掌握液相色谱定量分析方法。

二、实验原理

1. 液相色谱定性、定量原理(面积归一化法)

高效液相色谱如图 6－9 所示。

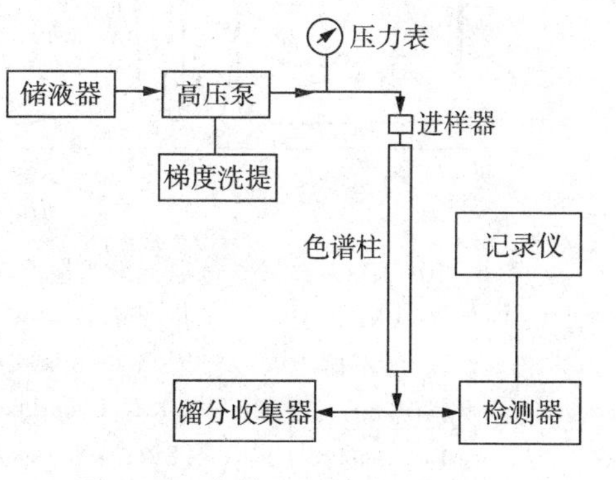

图 6－9　高效液相色谱示意图

定性原理：利用物质在液固两相中的分配系数差异进行分离的分析方法，称为液相色谱法；按照同一组分在相同色谱条件下保留时间(t_R)一致，进行液相色谱的定性分析。

定量原理：确定各组分百分含量的方法，称之为液相色谱的定量。根据样品洗脱情况，通常的定量方法分为内标法、外标法和面积归一化法三种。当混合样中所有组分均被洗脱时，可用面积归一化法计算各组分的含量，其计算公式如下所示：

$$C\% = \frac{m_i}{m_1 + m_2 + m_3 + m_4 + \cdots\cdots + m_i} \times 100 = \frac{f'_i A_i}{\sum_{i=1}^{n} f'_i A_i} \times 100$$

其中 f'_i 为相对校正因子，其值大小等于某物质的绝对校正因子与标准物质的绝对校正因子的比值：

$$f'_i = \frac{f_i}{f_s} = \frac{A_s m_i}{A_s m_i}$$

2. 离子交换色谱分离蛋白的原理

利用各蛋白质与固定相间的静电作用大小的差异性，在适当的色谱条件下(色谱柱、流动相、洗脱方式等)，能将各蛋白组分分开，其色谱图如图6-10所示。

三、AKTA Purifier-900型生物色谱仪的操作

1. 开机

依次打开计算机、生物色谱仪主机，待色谱仪初始化完毕后，点击“Unicorn”图标，输入用户名和密码(均为“default”)，则Unicorn Messager、Method Editor、System Control、Evaluation四个窗口同时出现。

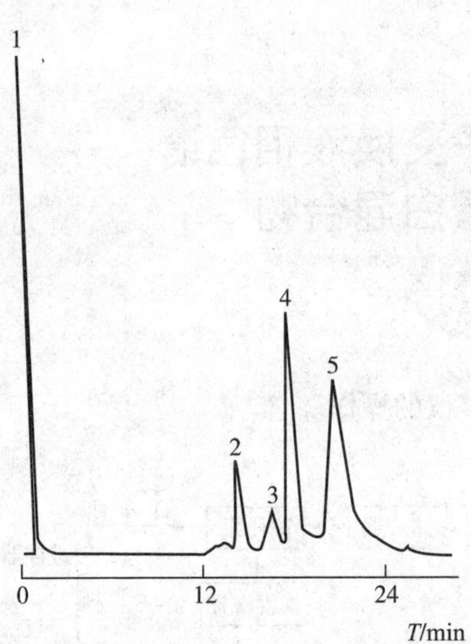

图6-10 IDA-硅胶柱分离标准蛋白混合物色谱图

1—BSA；2—RNase；3—Cyt-C中杂蛋白；4—Cyt-C；5—Lys

色谱条件：色谱柱：IDA-硅胶柱(100mm × 4.6 mm I. D.)；

流动相：A：0.02 mol/L KH_2PO_4(pH 6.0)；

B：0.02 mol/L KH_2PO_4(pH 6.0) + 0.5mol/L NaCl；

梯度洗脱：20 min B从0到100%；流速：1mL/min；

检测器：UV (λ = 280 nm)；进样量：15μL；

各蛋白浓度：2.0 mg/mL

2. 样品测试操作

(1)手动式操作

A. 色谱柱的平衡：点击“System Control”窗口下“Manual”菜单，选择“Alarm & Mon”窗口，设定色谱柱最大限压和操作波长，点击“insert”；选择“Pump”窗口，设定操作流速，点击“insert”，再点击“Execute”，让色谱柱在上述条件下平衡；待基线平直后，在“Alarm & Mon”窗口中点击“Autozero UV”，进行自动校零，再在此条件下让柱子平衡几个柱体积。

B. 样品测试：选择“Flowpath”窗口，选择“inject”，点击“insert”，选择“Pump”窗口，设定洗脱方式和洗脱时间，点击“insert”；回到“Flowpath”窗口，将样品注入样品环，选择“inject”，点击“Execute”，开始进行样品的测试；当图谱中红线出现时(表明样品已进入系统)，将选择“Flowpath”窗口中的“load”，让样品环复位。

C. 系统清洗：选择“Pump”窗口，设定清洗流速，依次将泵头放入水、10%的乙醇中清洗。

(2)自动操作：

A. 方法编辑：在“Method Editor”中选择“新建”图标，选中“Method Editor”，点击“OK”，进入梯度编写程序，按照梯度要求编写成序。编写好后，在“File”中选择“save as”，将编辑好的方法保存到设定的文件夹下(一般为C：\ ... \ default/

Method)。

B. 方法运行：在“System Control”中选择“Run”，然后从编辑的方法文件中选择出自己的方法文件，点击“OK”，在“Result name ”对话框中，点击“Browse”，选中保存实验结果数据的文件夹，给出文件名；将待测样品注入样品环，点击“Start”，开始进行样品的测试。

C. 系统清洗：选择“Pump”窗口，设定清洗流速，依次将泵头放入水、10%的乙醇中清洗。

3. 数据处理

在“Evaluation”窗口中打开保存的数据文件，手动操作的数据结果应在“C：\ ... \ default”中的Manual Runs(System 1)”中按时间顺序查找；自动操作的数据结果应在“C：\ ... \ default”中自己设定的文件中查找。选择“File”里“Open to Compare”中的“Curves”进行图谱的对比。

4. 数据输出

在“Evaluation”窗口中打开保存的数据文件，得到色谱图，选择“File”里“Export”中的“Curves”，选中图谱的波长，点击“Select”确认后，点击“Export”；选择图谱输出路径以及文件名，点击“OK”，从“Excel”中打开该文件，即可将色谱图由ACSII码转化为原始数据，该数据可用“Excel”或“Origin”作图软件，作出对应的色谱图。

5. 关机

点击“System Control”中的“End”键，关闭“Unicorn Messager”，点击“System Control”，选中“Unlock”，点击“OK”，生物色谱仪主机系统退出(计算机与主机脱机)，依次关闭生物色谱仪和计算机。

四、仪器和试剂

1. 仪器

AKTA Purifier－900型液相色谱仪　IDA－硅胶柱　微量注射器

2. 试剂

BSA、RNase、Cyt－C、Lys标准液(1mg/mL)及其标准蛋白混合液

分析纯　二次蒸馏水

五、实验内容

1. 标准蛋白的定性分析

根据保留值用蛋白单样标准液定性混合液中的四组分。

C = 1 mg/mL，进样量10 μL

标准蛋白混合物	BSA	Cyt－C	RNase	Lys
t_R				

2. 标准蛋白的定量分析

归一化法计算各托白组分的含量：

(1)校正因子的求取：将已知组分量(g)的标准混合溶液用“计算校正因子”法计算出校正因子。

$C=1$ mg/mL，进样量 10 μL

标准蛋白混合物	BSA	Cyt - C	RNase	Lys
m_i(g)				

(2)待测样品百分含量的计算(“校正归一”化法计算)：

$$C\% = \frac{m_i}{m_1+m_2+m_3+m_4+\cdots\cdots+m_i}\times 100 = \frac{f'_iA_i}{\sum_{i=1}^{n}f'_iA_i}\times 100。$$

六、记录及分析结果

打印出实验结果，包括：保留时间、组分名称以及质量百分含量等数据结果的色谱图谱。

七、思考题

(1)离子交换色谱分离蛋白的机理?

(2)保留值定性分析的原理?

(3)如何用面积归一化法进行定量?

第7章　综合实验与设计实验

在学习了化学实验基本知识及操作技能理论，完成了基本技能操作训练实验、无机物的制备、提纯和分离实验、元素及化合物性质实验、定量化学分析实验及常用仪器分析实验之后，本章将安排综合实验和设计实验各四个。其目的是为了进一步巩固化学实验基本理论，强化化学实验的操作技能，拓宽学生的知识面，培养学生查阅文献资料的能力及操作比较复杂实验仪器能力。

综合实验是把物质的制备(或天然产物的提取)、分离、提纯、有关物理常数及杂质含量的测定、物质的化学性质、物质组成的确定等内容归纳在一起的实验，在教师指导下，由学生独立完成。通过综合实验的实践，一方面有助于对无机及分析化学实验课程的教学内容，教学手段有一个全面的了解和掌握；另一方面加强对学生基本操作技能的综合性训练与动手能力的培养。

自行设计实验是在选定某实验题目后，在教师指导下，学生自己查阅有关文献资料，运用所学的理论知识和实验技术，独立设计实验方案，完成包括实验目的、实验原理、实验仪器药品、操作步骤、实验报告格式等一整套方案的制订。实验方案确定后，经指导教师审核或讨论，进一步完善后由学生独立完成全部实验内容。实验完成后，学生根据所得实验结果写出实验报告。教师依据学生的理论及设计水平、操作技能的高低、实验数据误差的大小，按照评分标准认真评定学生的成绩，作为考核学生综合能力的依据之一。自行设计实验的完成，既可以培养学生查阅文献资料、独立思考、独立实践的能力，又可以提高学生分析问题和解决问题的综合能力。

7.1　综合实验

实验四十　明矾的制备及其单晶的培养

一、实验目的

(1)学会废铝制备明矾的方法。

(2)巩固溶解度概念及其应用。

(3)学习从溶液中培养晶体的原理和方法。

二、仪器与试剂

1. 仪器与材料

无机化学实验常用玻璃及其他器皿1套(见实验二中表2－7)

环水式真空泵　布氏漏斗及吸滤瓶　　滤纸　　剪刀　　电子天平

2. 试剂

KOH(1.5mol/L)　H_2SO_4(9.0mol/L)　废铝(可用铝合金罐头盒、易拉罐、铝导线等)

三、实验的工艺路线

废铝→溶解(KOH)→过滤→酸化(H_2SO_4)→浓缩→结晶→分离→单晶培养→明矾单晶

四、实验内容

1. $KAl(SO_4)_2 \cdot 12H_2O$ 的制备

取50mL 1.5mol/L KOH溶液于250mL烧杯中，分多次加入2.0g废铝(反应激烈，防止溅入眼内)。反应完毕后，常压过滤。取10mL清液稀释至100mL，在不断搅拌下，滴加9.0mol/L H_2SO_4(按化学反应式计量)。加热至沉淀完全溶解，并将溶液放在蒸发皿中适当浓缩，然后用自来水冷却结晶，减压过滤，所得晶体就是$KAl(SO_4)_2 \cdot 12H_2O$。

2. 产品定性检测

设计方案，鉴定产品为硫酸盐、铝盐及钾盐。

3. 明矾单晶的培养

$KAl(SO_4)_2 \cdot 12H_2O$ 为正八面体晶形。为了获得棱角完整、透明的单晶，应该让晶种有足够的时间长大，而晶种能够成长的前提是溶液浓度处于适当过饱和的准稳定区(如图7-1所示的C′B′BC区)。

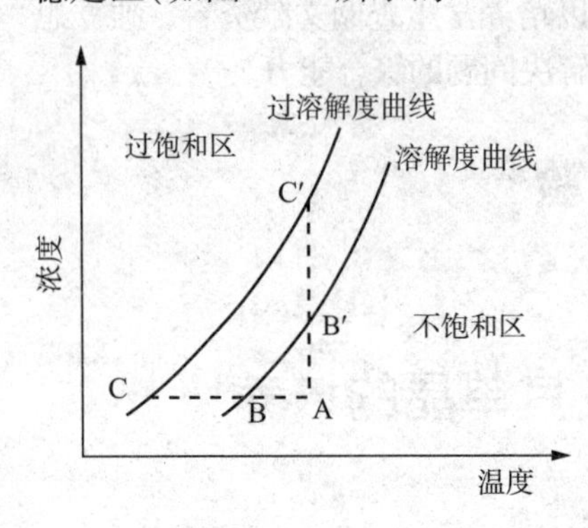

图7-1　溶液的准稳定区

本实验通过将室温下的饱和溶液在室温下静置，靠溶剂自然挥发来创造溶液的准稳定状态。人工投放晶种让之逐渐长成单晶。

(1)晶种的生长和选择。根据 $KAl(SO_4)_2 \cdot 12H_2O$ 的溶解度，称取10g明矾放入250mL烧杯中，加入适量水，加热溶解，然后放在不易振动的地方。在烧杯口上架一玻璃棒，盖一块滤纸，以免灰尘落下，放置一天，杯底会有小晶体析出，从中挑选出晶型完整的籽晶待用，同时过滤溶液，留待后用。

(2)晶体的生长(本步实验经教师同意，可以课后完成)。以缝纫用的涤纶线把籽晶系好，剪去余头，缠在玻棒上悬吊在已过滤的饱和溶液中，观察晶体的缓慢生长。数天后可得到棱角齐全、晶莹透明的大块晶体。在晶体生长过程中，应经常观察，若发现籽晶上又长出小晶体，应及时去掉。若杯底有晶体析出也应及时地滤去，以免影响晶体的生长。

实验四十一　碳酸钠的制备及其总碱度的测定

一、实验目的

(1)利用盐类溶解度的差异性及联合制碱法原理，通过复分解反应制备碳酸钠。

(2)掌握恒温条件控制及高温灼烧基本操作。

(3)掌握测定碳酸钠总碱度的原理和方法。

二、实验原理

1. 碳酸钠的制备

碳酸钠(工业上称为纯碱)的工业制法——联合制碱法，是将二氧化碳和氨气通入氯化钠溶液中生成碳酸氢钠，再经过高温灼烧，使它失去部分二氧化碳和水，转化为碳酸钠：

$$NH_3 + CO_2 + H_2O + NaCl = NaHCO_3\downarrow + NH_4Cl$$

$$2NaHCO_3 = Na_2CO_3 + CO_2\uparrow + H_2O$$

上述第一个反应实质上是碳酸氢钠与氯化钠在水溶液中的复分解反应，因此本实验直接采用碳酸氢铵与氯化钠作用制取碳酸氢钠：

$$NH_4HCO_3 + NaCl = NaHCO_3 + NH_4Cl$$

在这个反应体系中，NH_4HCO_3，NaCl，$NaHCO_3$ 和 NH_4Cl 同时存在于水溶液中，构成一个多元体系，它们在水中的溶解度相互影响。不过，根据各种纯净盐在不同温度下的溶解度比较，便可以粗略判断出从该反应体系中分离几种盐的最佳条件和适宜步骤。当温度超过35℃时，NH_4HCO_3 开始分解，所以反应温度不宜超过35℃。但温度太低又会影响 NH_4HCO_3 的溶解度，不利于复分解反应的进行，反应温度不宜低于30℃。

从表7－1给出的溶解度数据看，在30～35℃温度范围内，$NaHCO_3$ 的溶解度在四种盐中是最低的。所以，控制这一温度条件，将研细的固体 NH_4HCO_3 溶于较浓的NaCl溶液中，充分搅拌下就可析出 $NaHCO_3$ 晶体。

表7－1　四种盐在不同温度下的溶解度　　g/100g

溶解度 \ 温度/℃	0	10	20	30	40	50	60	70
NaCl	35.7	35.8	36.0	36.3	36.6	37.0	37.3	37.8
NH_4HCO_3	11.9	15.8	21.0	27.0	—	—	—	—
$NaHCO_3$	6.9	8.2	9.6	11.1	12.7	14.5	16.4	—
NH_4Cl	29.4	33.3	37.2	41.4	45.8	50.4	55.2	60.2

2. 碳酸钠中总碱(混合碱)度的测定

混合碱是指 Na_2CO_3 与 NaOH 或 Na_2CO_3 与 $NaHCO_3$ 的混合物，可用“双指示剂法”测定。方法为：以 HCl 标准溶液为滴定剂进行滴定分析，第一滴定终点以酚酞为指示剂，第二滴定终点以甲基橙为指示剂。

本实验制备的混合碱为 Na_2CO_3 与 $NaHCO_3$ 的混合物。当滴定到第一滴定终点时，Na_2CO_3 被中和一半，而 $NaHCO_3$ 未被中和，反应为：

$$Na_2CO_3 + HCl \xlongequal{} Na_2HCO_3 + NaCl$$

设第一步所消耗 HCl 标准溶液的体积为 V_1。

从完成第一滴定终点到达第二滴定终点时，原有的 $NaHCO_3$ 与新生成的 $NaHCO_3$ 均被中和为 CO_2 和 H_2O，反应为：

$$NaHCO_3 + HCl \xlongequal{} NaCl + CO_2 + H_2O$$

设第二步所消耗 HCl 溶液的体积为 V_2。

由此可见，两个滴定终点消耗 HCl 溶液的体积 $V_1 < V_2$，而且 Na_2CO_3 消耗 HCl 溶液的体积为两倍的 V_1，$NaHCO_3$ 消耗 HCl 溶液体积为($V_2 - V_1$)。根据 HCl 标准溶液的浓度及所消耗的体积，便可计算出 Na_2CO_3 与 $NaHCO_3$ 的百分含量。

三、仪器与试剂

1. 仪器与材料

无机化学实验常用玻璃及其他器皿 1 套　分析天平　恒温水浴加热器

环水式真空泵　布氏漏斗及吸滤瓶　滤纸

分析化学实验常用玻璃及其他器皿 1 套(见实验二中表 2-8)

2. 试剂

NaCl(约 25% 粗食盐水溶液)　NaOH(3.0mol/L)　Na_2CO_3(0.5mol/L)

HCl(3.0mol/L)　NH_4HCO_3(s)　HCl 标准溶液(约 0.1mol/L，实验室标定)

甲基橙(0.1%)　酚酞(0.1%)　pH 试纸

四、实验内容

1. 碳酸钠的制备

(1)粗食盐水溶液的精制与调配。量取粗食盐水 NaCl(25% 左右)25mL 放入一小烧杯中，用 3.0mol/L NaOH 和 1.5mol/L Na_2CO_3 组成的等体积混合碱液(学生自己配制，几毫升即可)调节食盐水溶液的 pH 值约为 11，溶液中有明显沉淀物(一般为碱式碳酸镁和碳酸钙)生成，小火煮沸后用减压过滤法分离弃去沉淀，将滤液倒入洁净的小烧杯中，用 3.0mol/L HCl 调节其 pH =7，供下一步反应用。

说明：如果所用的食盐水溶液是由纯净的试剂 NaCl 配制而成，则可以省去以上的精制与调配步骤，量取 25mLNaCl 溶液后直接进行下一步复分解反应即可。

(2)复分解反应制中间产物 $NaHCO_3$。将盛有精制 NaCl 溶液的小烧杯放在水浴上加热，温度控制在 30~35℃之间。称取 NH_4HCO_3 固体(可酌情加以研磨)细粉末 10g，在不断搅拌下分几次加入到上述溶液中。加料完毕后继续充分搅拌，并保持反应要求温度20min左右。静置几分钟后减压过滤，便得到了$NaHCO_3$晶体。可用少量水淋洗晶体以除去粘附的钠盐，再尽量抽干母液。将布氏漏斗中洁白、蓬松的$NaHCO_3$晶体取出，在台称上称其湿重并记录在记录本上。

(3)灼烧制备Na_2CO_3。将制得的中间产物$NaHCO_3$放入蒸发皿中，在石棉网上加热，并用玻璃棒不停地翻搅，使固体均匀受热并防止结块。开始加热灼烧时可适当采用小火，10min后改用大火，大约灼烧半小时后，即可制得干燥的白色细粉状Na_2CO_3产品。冷却到室温后，在台称上称其质量并记录在记录本上。

(4)产品产率的计算。根据反应物间的相关性和实验中有关反应物的实际用量，确定产品产率计算基准，然后计算出理论产量$m_{理论}$(g)，进而计算出产品产率：

$$产率(\%)=\frac{m_{实际}}{m_{理论}}\times 100\%$$

如果实验中所用原料NaCl为粗食盐，按其纯度为90%计算NaCl的投料量；如果用精食盐为原料，则按其纯度为100%计算。

2. 碳酸钠(产品)中总碱量的测定

(1)产品溶液的配制。在分析天平上称取自制产品碳酸钠0.8～1.0g(精确到0.1mg)，放于100mL小烧杯中，加入少量去离子水溶解后，定量转移到150mL容量瓶中，用去离子稀释至刻度，摇匀待测。

(2)测定混合碱各组分含量。用移液管吸取上面配好的待测样品溶液25.00mL，放到洁净的250mL锥形瓶中，加2滴酚酞指示剂，用标定好的HCl标准溶液(0.1mol/L左右)滴定到很浅粉色(可与参比液对照)，此时为第一个滴定终点，记录下所消耗HCl溶液的体积V_1。然后加入2滴甲基橙指示剂(此时溶液呈黄色)，继续用HCl标准溶液滴定到溶液变为橙色。将溶液放到石棉网上加热煮沸1～2min，冷却后溶液又变为黄色，再继续补滴HCl溶液到溶液再变为橙色(30s不褪色)为止。此时为第二个滴定终点，记录下所耗HCl的体积V_2。平行三次，消耗HCl标准溶液的总体积(V_1+V_2)极差不大于0.05mL。

(3)样品中各组分含量的计算。本实验样品中含Na_2CO_3和$NaHCO_3$，用HCl标准溶液进行滴定，到达第一终点时所消耗HCl体积为V_1，到达第二终点时所耗HCl的总体积记为V_2。则在两步滴定所用HCl溶液总量中，样品中Na_2CO_3消耗HCl溶液的体积为$2V_1$，样品中$NaHCO_3$消耗HCl的体积为(V_2-V_1)。它们的质量百分含量(ω)计算关系式分别为：

$$\omega(Na_2CO_3)\%=\frac{c(HCl)\cdot\frac{2V_1}{1000}\cdot\frac{M(Na_2CO_3)}{2}}{m_{样}}\times 100$$

$$\omega(NaHCO_3)\%=\frac{c(HCl)\cdot\frac{(V_2-V_1)}{1000}\cdot M(NaHCO_3)}{m_{样}}\times 100$$

(4)数据记录与处理(参考第五章定量化学分析中实验二十)。

五、思考题

(1)在制备 Na_2CO_3 的过程中，粗食盐水溶液精制的目的何在？在精制与调配过程中，先后两次调节溶液的 pH 值分别为 11 和 7，各自的目的是什么？

(2)在产品纯度分析测定中，用标准 HCl 溶液滴定到达第二个终点时，为什么要将溶液加热煮沸？不然将对实验数据带来什么影响？

(3)在滴定过程中，两个滴定终点的指示剂为什么要选择不同的两种？各自特征是什么？

(4)影响产品产量主要因素有哪些？影响产品纯度及其他杂质含量主要因素有哪些？

实验四十二　过碳酸钠的合成和活性氧的化学分析

一、实验目的

(1)学习低温下合成过碳酸钠的原理和方法。

(2)认识过碳酸钠的洗涤性和漂白性以及热稳定性。

(3)测定过碳酸钠的活性氧含量(由 H_2O_2 含量确定)。

二、实验原理

过碳酸钠($Na_2CO_3 \cdot 5H_2O_2 \cdot H_2O$)是 Na_2CO_3 与 H_2O_2 的加合物，是一种固体放氧剂，可作为纺织、造纸等工业的漂白剂，精细化学品生产中作为消毒剂，洗涤剂类的添加剂，金属表面处理剂的添加剂等。外观为白色结晶粉末，理论上活性氧的含量约为 14% 左右，相当于 30% 的 H_2O_2 溶液。比过硼酸钠($NaBO_2 \cdot H_2O_2 \cdot 3H_2O$)活性氧含量 11% 要多 3% 。且合成过碳酸钠的原料易得且无毒性。

20℃时过碳酸钠在水中的溶解度约为 14g，自动缓慢地放出氧气，在重金属离子催化作用下，加速放出氧气，在 110℃左右分解：

$$Na_2CO_3 \cdot 5H_2O_2 \cdot H_2O \xrightarrow{110^\circ C} 2Na_2CO_3 + 2.5H_2O + 0.75O_2$$

以 Na_2CO_3 或 $Na_2CO_3 \cdot 10H_2O$ 和 H_2O_2 为原料，在一定条件下可以合成 $Na_2CO_3 \cdot nH_2O_2 \cdot mH_2O$(一般 $n = 1.5$，$m = 1$)。合成方法有干法、喷雾法、溶剂法以及湿法(低温结晶法)等多种。本实验采用低温结晶法。反应过程如下：

Na_2CO_3 水解：$CO_3^{2-} + H_2O \rightleftharpoons HCO_3^- + OH^-$

过氧键转移：$HCO_3^- + HO_2^- \rightleftharpoons HCO_3^- + OH^-$

酸碱中和：$H_2O_2 + OH^- \rightleftharpoons HO_2^- + H_2O$

-4℃左右析出 $Na_2CO_3 \cdot 1.5H_2O_2 \cdot H_2O$ 晶体。

为了提高 $Na_2CO_3 \cdot 1.5H_2O_2 \cdot H_2O$ 的产量和析出速率，可以采用盐析法。由于 NaCl 溶解度基本不随温度降低而减小，在合成反应完成之后，加入适量的 NaCl 固体，即盐析法促进过碳酸钠晶体大量析出。母液可循环使用，实现“零排放”。

由于 $Na_2CO_3 \cdot 1.5H_2O_2 \cdot H_2O$ 易与有机物反应，因此它的晶体与母液不能通过滤纸加以分离，要用砂芯漏斗抽滤或离心分离法分离。

为了增加过碳酸钠的稳定性，在合成过程中应加入微量稳定剂如 $MgSO_4$、Na_2SiO_3、$Na_4P_2O_7$ 等，也可以加入 ETDA 钠盐或柠檬酸钠盐作为配合剂，以掩蔽重金属离子，使它们失去催化 H_2O_2 分解的能力。同时对产品应尽量除去非结晶水。

关于 H_2O_2 含量测定原理分散于实验步骤之中介绍。

三、仪器和试剂(每2~4人一组)

1. 仪器(每组1套)

无机化学实验常用玻璃及其他器皿1套　分析化学实验常用玻璃及其他器皿1套
电子天平　恒温水浴加热器　环水式真空泵　布氏漏斗及吸滤瓶　滤纸
分液漏斗(50mL)　电磁搅拌仪　真空干燥器　温度计(10~100℃)

2. 试剂

碳酸钠(工业品，含结晶水)　H_2O_2(30%)　NaCl 固体(不含 I^- 或事先用 H_2O_2 处理过)
$MgSO_4$(固体　Na_2SiO_3(固体)　EDTA 钠盐(固体)　KI (固体)
柠檬酸钠(固体)　$K_2Cr_2O_7$(基准物质)　水无水乙醇　H_3PO_4(2.0mol/L)
澄清石灰　pH 试纸　淀粉(0.5%)

四、实验步骤

1. 过碳酸钠的合成

称取50g 碳酸钠于250mL 烧杯中，加入200mL 去离子水，加热溶解、澄清、过滤，然后放入冰柜中冷却到0℃，待用。

量取75mL 30% H_2O_2 倒入400mL 烧杯中，放入冰柜中冷却到0℃。然后向烧杯中依次加入0.10g 固体 EDTA 钠盐、0.25g 固体 $MgSO_4$、1g 固体 $Na_2SiO_3 \cdot 9H_2O$，搅拌均匀，将 Na_2CO_3 溶液通过分液漏斗滴入盛 H_2O_2 的烧杯中，边滴加边搅拌，反应温度不超过5℃，大约15min 滴加完毕。接着在冰柜中冷却到 -5℃左右后，边搅拌边缓缓加入固体20g NaCl，约用5min 加完，此时大量晶体析出(盐析法)。在冰柜中放置20min 后，用砂芯漏斗，减压过滤，澄清石灰水洗涤固体2次，少量无水乙醇洗涤1次，抽干，得到晶状粉末 $Na_2CO_3 \cdot 1.5H_2O_2 \cdot H_2O$，回收母液(工业生产上，母液可以循环使用)。

将产品置于表面皿上，在低于50℃真空干燥器中烘干，得白色粉末结晶，称量产品质量。**注意：在反应中切莫引入重金属离子，否则产品的稳定性降低。**烘干冷却之后，密闭放置于干燥处，受潮也影响热稳定性。

2. 过碳酸钠中 Na_2CO_3 含量与 H_2O_2 含量(活性氧)的测定

碳酸钠含量的测定符合混合碱测定原理，见实验《碳酸钠的制备及其总碱量的测定》，不再叙写，过氧化氢含量用间接碘量法测定。

(1)0.1mol/L $Na_2S_2O_3$ 标准溶液配制与标定，见第 5 章定量化学分析实验二十八。

(2)产品中 H_2O_2 含量测定。称取产品过碳酸钠 0.20 ~ 0.30g(准确到 0.1mg)3 份，分别放入碘量瓶中。取其中 1 份加入 100mL 去离子水，并立即加入 6mL 2.0mol/L H_3PO_4，再加入 2gKI，摇均匀，置于暗处反应 5min。然后用标定好的 $Na_2S_2O_3$ 标准溶液滴定到浅黄色，加入 1mL 淀粉指示剂，继续滴定到蓝色消失为止，如 30s 内不恢复蓝色，说明已达终点。记录消耗的 $Na_2S_2O_3$ 标准溶液的体积，同时做空白试验。

用同样方法，平行测定另外两份产品试样。相对偏差值小于 2%(由于 H_2O_2 与 I^- 的反应伴有副反应 $H_2O_2 \rightarrow 1/2O_2 + H_2O$，故测定值偏低)。

反应不可在碱性条件下进行，否则 I_2 易发生歧化，由于产品 $Na_2CO_3 \cdot 1.5H_2O_2 \cdot H_2O$ 是碱性的，故要加入一定量 H_3PO_4，适当增加酸性介质，以阻止 I_2 的歧化反应。H_2O_2 含量计算为:

$$\omega(H_2O_2)\% = \frac{c(S_2O_3^{2-}) \cdot [V(Na_2S_2O_3) - V_0(Na_2S_2O_3)] \cdot M(1/2H_2O_2)}{m(\text{产品})} \times 100$$

$$\omega(\text{活性氧})\% = \omega(H_2O_2)\% \cdot \frac{M(O)}{M(H_2O_2)} \times 100$$

式中 $c(S_2O_3^{2-})$—— $Na_2S_2O_3$ 标准溶液浓度;

V——滴定消耗 $Na_2S_2O_3$ 体积用量;

V_0——空白试验消耗 $Na_2S_2O_3$ 体积用量;

m(产品)—— 产品质量;

$M(O)$——氧原子的相对原子质量;

$M(H_2O_2)$—— H_2O_2 的相对摩尔质量;

$M(1/2H_2O_2)$——$1/2H_2O_2$ 的相对摩尔质量。

3. $Na_2CO_3 \cdot 1.5H_2O_2 \cdot H_2O$ 漂白消毒洗涤性能

在小烧杯中放入沾有油污的天然次等棉花，放入 1g 产品，加入 5mL 去离子水，振荡或搅拌反应体系 10min，与天然次等棉花对比色泽。$Na_2CO_3 \cdot 1.5H_2O_2 \cdot H_2O$ 是无磷无毒漂白洗涤剂的一种配方添加剂。

五、思考题

(1)根据实验原理，在制备 $Na_2CO_3 \cdot 1.5H_2O_2 \cdot H_2O$ 过程中，应注意掌握好哪些操作条件?

(2)试分析 $Na_2CO_3 \cdot 1.5H_2O_2 \cdot H_2O$ 具有洗涤、漂白与消毒作用原因。

(3)如何正确掌握测定 $Na_2CO_3 \cdot 1.5H_2O_2 \cdot H_2O$ 中 H_2O_2 的含量，分析测定结果成败的原因。

实验四十三　高岭土中杂质铁的除去与增白

一、实验目的

(1)学习固相矿物中杂质的去除方法。

(2)掌握利用调节溶液酸度控制物质的氧化还原的方法。

(3)掌握光度分析法测定铁的含量。

(4)了解粉末材料白度的测定方法。

二、实验原理

1. 杂质铁的去除原理

天然高岭土因含少量铁、锰等杂质使其白度降低，影响其使用，通常高岭土的增白有两种方法：

(1)氧化法。将 Fe，Mn 等杂质氧化为高价而形成可溶性的含氧酸盐进入溶液而除去。

(2)还原法。酸性条件下，将 Fe，Mn 等杂质还原为低氧化态可溶于水的离子而除去。

本实验采用还原法，以连二亚硫酸钠为还原剂，在酸性介质中，其还原反应为：

$$2SO_4^{2-} + 8H^+ + 6e^- \rightleftharpoons S_2O_4^{2-} + 4H_2O$$

电极电势为：$\varphi(SO_4^{2-}/S_2O_4^{2-}) = \varphi^\ominus(SO_4^{2-}/S_2O_4^{2-}) + \frac{RT}{nF}\ln\frac{c^2(SO_4^{2-}) \cdot c^8(H^+)}{c(S_2O_4^{2-})}$

如果设 $c(SO_4^{2-}) = c(S_2O_4^{2-}) = 1.0\text{mol/L}$，$T = 298\text{K}$ 时，则上式为：

$\varphi(SO_4^{2-}/S_2O_4^{2-}) = 0.2 - 0.0934\text{pH}$

由此可知，电对 $SO_4^{2-}/S_2O_4^{2-}$ 的电极电势随溶液的 pH 值降低而升高。

当溶液的酸度足够高时，氧化反应电对 Fe^{3+}/Fe^{2+} 的电极电势与 pH 值无关，

即：$\varphi(Fe^{3+}/Fe^{2+}) = \varphi^\ominus(Fe^{3+}/Fe^{2+}) = 0.771\text{V}$

但是当溶液 pH 值逐渐升高时，由于 Fe^{3+} 将发生水解，此时 Fe^{3+}/Fe^{2+} 电对转为 $Fe(OH)_3/Fe^{2+}$，其电极电势为：

$$\varphi[Fe(OH)_3/Fe^{2+}] = \varphi^\ominus(Fe^{3+}/Fe^{2+}) + \frac{RT}{nF}ln\frac{K_{sp}^\ominus[Fe(OH)_3]}{c(Fe^{2+}) \cdot c^3(OH^-)}$$

当 $c(Fe^{2+}) = 1.0\text{mol/L}$，$T = 298\text{K}$ 时，则 $\varphi[Fe(OH)_3/Fe^{2+}] = 1.04 - 0.177\text{pH}$

如溶液 pH 值再进一步升高到 Fe^{2+} 也发生水解，此时：

$$\varphi[Fe(OH)_3/Fe(OH)_2] = \varphi^{\ominus}(Fe^{3+}/Fe^{2+}) + \frac{RT}{nF}\left\{\ln\frac{K_{sp}^{\ominus}[Fe(OH)_3]}{K_{sp}^{\ominus}[Fe(OH)_2]} + \ln\frac{1}{c(OH^-)}\right\}$$

$$= 0.35 - 0.059pH$$

由以上公式可以得到电极电势与溶液 pH 值关系曲线。

由电极电势与溶液 pH 值的关系可看出，Fe^{3+}/Fe^{2+} 电对与 $SO_4^{2-}/S_2O_4^{2-}$ 电对的电极电势差值并不是固定的。pH = 1.53 时达最大值，pH = 6.45 时达最小值；当 pH 值大于 6.45 时，因生成 $Fe(OH)_2$ 无法进行过滤除去。所以，当用连二亚硫酸盐作还原剂时，反应介质酸度应在 pH = 1.53 ~ 6.45。酸度过小，两者电极电势差小，反应速度慢且进行不完全。酸度过大，消耗酸量大，并降低了连二亚硫酸盐的稳定性，易分解放出 SO_2，溶液 pH 值控制在 3 左右为最佳。

2. 高岭土除铁量的测定原理

高岭土中铁含量较高，所以选择了灵敏度较低的 NH_4SCN 作显色剂来测定铁。

在酸性条件下，Fe^{3+} 与一定过量 SCN^- 反应，生成血红色的 $Fe(SCN)_3$ 络合物，在波长 480nm 测定吸光度，通过标准曲线即可求算出铁的含量。

三、仪器与试剂

1. 仪器

无机化学实验常用玻璃及其他器皿 1 套　分析化学实验常用玻璃及其他器皿 1 套　电热恒温水浴　电动搅拌器　721 分光光度计　ZBD 白度仪

2. 试剂

高岭土原料　连二亚硫酸钠(固体)　硫酸(1.0mol/L，20%)

葡萄糖溶液(4.0g/L)　磷酸(1.0mol/L)　氟化铵(15%)

H_2O_2(3%)　硝酸(1∶1)　铁标准溶液(0.1mol/L)

四、实验步骤

1. 高岭土除铁增白

称取 20g 高岭土原粉，置于 250mL 烧杯中，加 80mL 去离子水，5mL 1.0mol/L 硫酸，2.5mL l.0mol/L 磷酸，5mL 4.0g/L 葡萄糖溶液，搅拌，水浴加热至 80℃。

称取 0.8g 连二亚硫酸钠，溶于 20mL 去离子水中，缓慢滴加到上述高岭土悬浮液中(滴加时间为 15min)。继续保温、搅拌 45min 后，减压过滤，并用少量水洗涤滤饼，滤饼置于烘箱中于 120 ~ 130℃ 烘干，过滤母液及洗涤液冷却后，转移到 250mL 容量瓶中，稀释至刻度，备用。

2. 高岭土溶出铁总量测定

(1) 工作曲线的绘制。分别取 0.0mL，0.5mL，1.0mL，1.5mL，2.0mL，2.5mL 的 Fe^{3+} 标准溶液于 6 个 50mL 的容量瓶中，然后在每个容量瓶中再分别加入 1mL 1∶1 HNO_3，1mL20% H_2SO_4 和 10mL15% NH_4SCN 溶液，用去离子水稀释至刻度，摇均匀。放置 10min 后，用 1cm 比色皿，以空白溶液作参比，在 480nm 处测量吸光度。然后以标准铁溶液的毫升数为横坐标，以吸光度为纵坐标绘制工作曲线。

(2)高岭土中除铁量的测定。吸取滤液1.00mL于100mL烧杯中，加入2mL 3% H_2O_2，2mL 1∶1HNO_3，在电炉上加热2～3min(使Fe^{2+}氧化成Fe^{3+}并除去过量H_2O_2)，冷却后，定量转入50mL容量瓶中，再加入1mL 20% H_2SO_4和10mL 15% NH_4SCN溶液，用去离子水稀释至刻度，摇匀，放置10min后，以空白溶液作参比，在480nm处测量吸光度。利用工作曲线计算出每克高岭土中除Fe量。

每克高岭土中除铁的毫克数为：

$$\frac{\text{相当铁标准溶液毫升数} \times \text{铁标准溶液浓度(mg/mL)} \times 250.0}{\text{高岭土总量(g)}}$$

3. 高岭土白度的测定

(1)ZBD白度仪的调节。打开白度仪和检流计电源开关，预热20min。将标准白度板放置于样品测试台上，调节白度旋钮使其示值与标准白度板一致，按下测量按钮，按粗、细、精顺序调节光电流旋钮至检流计示值为零，关闭测量按钮。

(2)样品白度测定。将烘干的样品在研钵中研细后放入样品盒中，并用玻璃片将样品压紧、压平，将此样品盒放在测试台上，按下测量按钮，调节白度旋钮使检流计示值为零，此时白度旋钮的示值，即为样品白度值。

用上述同样的方法，测量高岭土原粉的白度值，比较增白效果。

五、思考题

(1)还原法除去高岭土中铁杂质时，溶液的pH值控制在什么范围？

(2)用NH_4SCN光度法测铁时，为什么要加入H_2O_2？

(3)测定高岭土白度时，为何样品要研细、压平？

7.2　设计实验

实验四十四　胃舒平药片中铝和镁含量的测定

一、提示

用于治疗胃病的常用药胃舒平药片的主要成分为氢氧化铝，偏硅酸镁($Mg_2SiO_3 \cdot 5H_2O$)，少量颠茄流浸膏及成形剂糊精等辅料，可用配位滴定法测定药片中铝和镁的含量，辅料不干扰测定。铝、镁与EDTA形成配合物的稳定常数相差较大($\lg K_{AlY}=16.1$，$\lg K_{MgY}=8.69$)，可用控制溶液酸度的方法进行分别滴定，Al^{3+}和EDTA反应速度慢，需采用返滴定方式。

二、实验要求

(1)可设计出多种实验方案，比较各种方案的实验结果，最终确定切实可行的实验方法。

(2)通过实验考察所设计方法可行性。

(3)完成实验，写出实验方法及报告。

实验四十五　水处理絮凝剂——聚碱式氯化铝的制备

一、提示

聚碱式氯化铝又称聚氯化铝或聚合铝，化学通式为$[Al_m(OH)_n(H_2O)_x]\cdot Cl_{3m-n}$（$m=2\sim13$，$n\leqslant 3m$）。其中铝的存在形态包含具有八面体结构的单核离子$[Al(H_2O)_6]^{3+}$，多核离子$[Al_2(OH)_2]^{4+}$和$[Al_{13}O_4(OH)_{24}(H_2O)_{12}]^{7+}$（简写为$Al_{13}$）。聚合铝(特别是$Al_{13}$)具有较高的正电荷，在水中有强的吸附能力，很高的絮凝效果和很快的沉降速度，能有效除去水中颗粒及胶体污染物，是国内外广泛采用的水处理絮凝剂。

聚碱式氯化铝可以用高岭土或矾土(铝土矿)制备。通常矿物中含有30%～40%的Al_2O_3，大约50% SiO_2，少于3%Fe_2O_3和少量K、Na、Ca、Mg等元素。

制备聚碱式氯化铝首先应当将Al_2O_3和SiO_2分离开。虽然矿物中还含有一定量铁，但由于聚合铁也是水处理剂，因此少量铁存在不影响产品使用效果。聚碱式氯化铝是$AlCl_3$的水解产物。单核水解产物$[Al(H_2O)_6]^{3+}$容易形成，多核离子$[Al_2(OH)_2]^{4+}$生成速度较慢，由$[Al_2(HO)_2]^{4+}$转化为Al_{13}速度就更慢，因此反应混合物要较长时间保温，以获得较多Al_{13}。

研究表明中和比$R=\dfrac{n(OH)}{n(Al)}$小于2.3时，Al_{13}在溶液中是稳定的；R在2.3～2.5时，溶液中Al_{13}组分占优势；大于2.6时，溶液经凝胶转变为沉淀，生成不定形以至晶体的$Al_2O_3\cdot xH_2O$沉淀。因此控制溶液一定的中和比，是保证合成产物具有较大活性，即具有较多Al_{13}的关键。取一半$AlCl_3$溶液加入氨水使之转变成$Al(OH)_3$，再用剩余的$AlCl_3$溶液溶解$Al(OH)_3$，可保证溶液具有合适的中和比。

二、实验要求

(1)设计制备聚碱式氯化铝的实验方案，并列出所需试剂及仪器设备清单。

(2)设计检测产品净水效果的实验。

(3)完成实验，写出实验报告。

实验四十六　化学沉淀法制备高纯 α－Al_2O_3 纳米粉末

一、提示

α－Al_2O_3(俗称刚玉)具有高强度、高硬度、抗腐蚀及耐高温等优异性能，已被广泛用作结构陶瓷、功能陶瓷及生物陶瓷等材料。纳米级 α－Al_2O_3 粒度介于1～100nm，由于粒度很小，表面积很大，具有特殊的表面效应与体积效应，用它制取烧结材料时烧结温度低，烧结速度快，烧结体致密度高。从而使产品在力学、光学、加工精度等方面均远远优于由微米级 α－Al_2O_3 制成的陶瓷。因此近年来人们很重视纳米 α－Al_2O_3 粒子制备的研究。

制备纳米 α－Al_2O_3 粒子的方法有多种，如化学沉淀法、溶胶－凝胶法、微乳液法等，这些方法各有优缺点。其中化学沉淀法是人们开发研究较早，并且成本低，操作简便。该方法涉及的主要反应为：

$$(NH_4)_2Al_2(SO_4)_4 + 8NH_4HCO_3 = 2NH_4Al(OH)_2CO_3\downarrow + 4(NH_4)_2SO_4 + 6CO_2\uparrow + 2H_2O$$

$$2NH_4Al(OH)_2CO_3 = Al_2O_3 + 2NH_3 + 3H_2O + 2CO_2$$

二、实验要求

(1)设计采用化学沉淀法制备 α－Al_2O_3 纳米粉末的实验方案。

(2)设计对产物的结构、粒度及纯度进行分析测试的方法。

(3)完成实验，写出实验报告。

实验四十七　废含钼催化剂中钼的化学回收

一、提示

随着石油和化学工业的迅速发展，每年国内要消耗近千吨的含钼催化剂(催化剂化学组成通常为：Mo－Ni/Al_2O_3，钼含量为9%～14%)，因此对含钼催化剂进行回收利用，具有很高的社会效益和经济效益。

目前国外采用的较成熟回收钼的方法有氨浸法，高温熔烧水浸法等，但这些方法存在设备复杂，能耗大等缺点。相对而言，采用化学方法回收具有投资少，成本低及回收率高等优点。

废催化剂常常吸附有较多的炭和有机物，并且钼多以硫化钼形态存在，因此一般先将废催化剂熔烧，将炭及有机物除去，并将硫化钼转变为氧化物，有利于后续操作。

MoO_3 为两性氧化物，而 NiO 为碱性氧化物，可以通过选择合适溶液浸取钼。对于浸出的钼，可以用经典方法制成钼酸铵。

二、实验要求

(1)设计用化学方法从废含钼催化剂制取钼酸铵的实验方案。

(2)设计测定钼含量的实验方法，并计算钼的回收率。

(3)完成实验，写出实验报告。

附　录

附录一　元素相对原子质量表(1997 年)

[以 $Ar(^{12}C)=12$ 为标准]

原子序数	元素名称	元素符号	相对原子量	原子序数	元素名称	元素符号	相对原子量
1	氢	H	1.00794(7)	31	镓	Ga	69.723(1)
2	氦	He	4.002602(2)	32	锗	Ge	72.61(2)
3	锂	Li	6.941(2)	33	砷	As	74.92159(2)
4	铍	Be	9.012182(3)	34	硒	Se	78.96(3)
5	硼	B	10.811(5)	35	溴	Br	79.904(1)
6	碳	C	12.011(1)	36	氪	Kr	83.80(1)
7	氮	N	14.00674(7)	37	铷	Rb	85.4678(3)
8	氧	O	15.9994(3)	38	锶	Sr	87.62(1)
9	氟	F	18.9984032(9)	39	钇	Y	88.90585(2)
10	氖	Ne	20.1797(6)	40	锆	Zr	91.224(2)
11	钠	Na	22.989768(6)	41	铌	Nb	92.90638(2)
12	镁	Mg	24.3050(6)	42	钼	Mo	95.94(1)
13	铝	Al	26.981539(5)	43	锝*	Tc	(98)
14	硅	Si	28.0855(3)	44	钌	Ru	101.07(2)
15	磷	P	30.973762(4)	45	铑	Rh	102.90550(3)
16	硫	S	32.066(6)	46	钯	Pd	106.42(1)
17	氯	Cl	35.4527(9)	47	银	Ag	107.8682(2)
18	氩	Ar	39.948(1)	48	镉	Cd	112.411(8)
19	钾	K	39.0983(1)	49	铟	In	114.818(3)
20	钙	Ca	40.078(4)	50	锡	Sn	118.710(7)
21	钪	Sc	44.955910(9)	51	锑	Sb	121.760(1)
22	钛	Ti	47.867(1)	52	碲	Te	127.60(3)
23	钒	V	50.9415(1)	53	碘	I	126.90447(3)
24	铬	Cr	51.9961(6)	54	氙	Xe	131.29(2)

续表

原子序数	元素名称	元素符号	相对原子量	原子序数	元素名称	元素符号	相对原子量
25	锰	Mn	54.93805(1)	55	铯	Cs	132.90543(5)
26	铁	Fe	55.845(2)	56	钡	Ba	137.327(7)
27	钴	Co	58.93320(1)	57	镧	La	138.9055(2)
28	镍	Ni	58.6934(2)	58	铈	Ce	140.115(4)
29	铜	Cu	63.546(3)	59	镨	Pr	140.90765(3)
30	锌	Zn	65.39(2)	60	钕	Nd	144.24(3)
61	钷	Pm	(145)	86	氡*	Rn	(222)
62	钐	Sm	150.36(3)	87	钫*	Fr	(223)
63	铕	Eu	151.965(9)	88	镭*	Ra	(226)
64	钆	Gd	157.25(3)	89	锕*	Ac	(227)
65	铽	Tb	158.92534(3)	90	钍*	Th	232.0381(1)
66	镝	Dy	162.50(3)	91	镤*	Pa	231.03588(2)
67	钬	Ho	164.93032(3)	92	铀*	U	238.0289(1)
68	铒	Er	167.26(3)	93	镎*	Np	(237)
69	铥	Tm	168.93421(3)	94	钚*	Pu	(244)
70	镱	Yb	173.04(3)	95	镅*	Am	(243)
71	镥	Lu	174.967(1)	96	锔*	Cm	(247)
72	铪	Hf	178.49(2)	97	锫*	Bk	(247)
73	钽	Ta	180.9479(1)	98	锎*	Cf	(251)
74	钨	W	183.84(1)	99	锿*	Es	(252)
75	铼	Re	186.207(1)	100	镄*	Fm	(257)
76	锇	Os	190.23(3)	101	钔*	Md	(258)
77	铱	Ir	192.217(3)	102	锘*	No	(259)
78	铂	Pt	195.08(3)	103	铹*	Lr	(260)
79	金	Au	196.96654(3)	104	铲*	Rf	(261)
80	汞	Hg	200.59(2)	105	钍*	Db	(262)
81	铊	Tl	204.3833(2)	106	镱*	Sg	(263)
82	铅	Pb	207.2(1)	107	铍*	Bh	(264)
83	铋	Bi	208.98037(3)	108	镙*	Hs	(265)
84	钋*	Po	(209)	109	鿏*	Mt	(268)
85	砹*	At	(210)				

注：某些加*元素，括号中的数值是该元素已知半衰期最长的同位素的质量数。

表中数据择自 Pure and Applied Chemistry，Vol. 66，NO. 12，1994。

附录二　常见酸、碱的浓度

试剂名称	密度/(g/cm³)	质量分数/%	物质的量浓度/(mol/L)	试剂名称	密度/(g/cm³)	质量分数/%	物质的量浓度/(mol/L)
浓 H_2SO_4	1.84	98	18	HBr	1.38	40	7
稀 H_2SO_4		9	2	HI	1.70	57	7.5
浓 HCl	1.19	38	12	冰 HAc	1.05	99	17.5
稀 HCl		7	2	稀 HAc	1.04	30	5
浓 HNO_3	1.41	68	16	稀 HAc		12	2
稀 HNO_3	1.2	32	6	浓 NaOH	1.44	~41	~14.4
稀 HNO_3		12	2	稀 NaOH		8	2
浓 H_3PO_4	1.7	85	14.7	浓 $NH_3 \cdot H_2O$	0.91	~28	14.8
稀 H_3PO_4	1.05	9	1	稀 $NH_3 \cdot H_2O$		3.5	2
浓 $HClO_4$	1.67	70	11.6	$Ca(OH)_2$ 水溶液		0.15	
稀 $HClO_4$	1.12	19	2	$Ba(OH)_2$ 水溶液		2	~0.1
浓 HF	1.13	40	23				

附录三　不同温度下水的饱和蒸气压

($\times 10^2$ Pa, 0~50℃)

温度/℃	0.0	0.2	0.4	0.6	0.8
0	6.105	6.195	6.286	6.379	6.473
1	6.567	6.663	6.759	6.858	6.958
2	7.058	7.159	7.262	7.366	7.473
3	7.579	7.687	7.797	7.907	8.019
4	8.134	8.249	8.365	8.483	8.603
5	8.723	8.846	8.970	9.095	9.222
6	9.350	9.481	9.611	9.745	9.881
7	10.016	10.155	10.295	10.436	10.580
8	10.726	10.872	11.022	11.172	11.324
9	11.478	11.635	11.792	11.952	12.114
10	12.278	12.443	12.610	12.779	12.951
11	13.124	13.300	13.478	13.658	13.839
12	14.023	14.210	14.397	14.587	14.779

续表

温度/℃	0. 0	0. 2	0. 4	0. 6	0. 8
13	14. 973	15. 171	15. 369	15. 572	15. 776
14	15. 981	16. 191	16. 401	16. 615	16. 831
15	17. 049	17. 269	17. 493	17. 719	17. 947
16	18. 177	18. 410	18. 648	18. 886	19. 128
17	19. 372	19. 618	19. 869	20. 121	20. 377
18	20. 634	20. 896	21. 160	21. 426	21. 694
19	21. 968	22. 245	22. 523	22. 805	23. 090
20	23. 378	23. 669	23. 963	24. 261	24. 561
21	24. 865	25. 171	25. 482	25. 797	26. 114
22	26. 434	26. 758	27. 086	27. 418	27. 751
23	28. 088	28. 430	28. 775	29. 124	29. 478
24	29. 834	30. 195	30. 560	30. 928	31. 299
25	31. 672	32. 049	32. 432	32. 820	33. 213
26	33. 609	34. 009	34. 413	34. 820	35. 232
27	35. 649	36. 070	36. 496	36. 925	37. 358
28	37. 796	38. 237	38. 683	39. 135	39. 593
29	40. 054	40. 519	40. 990	41. 466	41. 945
30	42. 429	42. 918	43. 411	43. 908	44. 412
31	44. 923	45. 439	45. 958	46. 482	47. 011
32	47. 547	48. 087	48. 632	49. 184	49. 740
33	50. 301	50. 869	51. 441	52. 020	52. 605
34	53. 193	53. 788	54. 390	54. 997	55. 609
35	54. 895	56. 854	57. 485	58. 122	58. 766
36	59. 412	60. 067	60. 727	61. 395	62. 070
37	62. 751	63. 437	64. 131	64. 831	65. 537
38	66. 251	66. 969	67. 693	68. 425	69. 166
39	69. 917	70. 673	71. 434	72. 202	72. 977
40	73. 759	74. 54	75. 34	76. 14	76. 95
41	77. 78	78. 61	79. 43	80. 29	81. 14
42	81. 99	82. 85	83. 73	84. 61	85. 49
43	86. 39	87. 30	88. 21	89. 14	90. 07
44	91. 00	91. 95	92. 91	3. 87	94. 85
45	95. 83	96. 82	97. 81	98. 82	99. 83
46	100. 86	101. 90	102. 94	103. 99	105. 06
47	106. 12	107. 20	108. 30	109. 39	110. 48
48	111. 60	112. 74	113. 88	115. 03	161. 18
49	117. 35	118. 52	119. 71	120. 91	122. 11
50	123. 34	124. 6	125. 8	127. 0	128. 4

附录四　常用指示剂及试纸的配制

(一)酸碱指示剂(18～25℃)

指示剂名称	变色范围	颜色变化	溶液配制方法
甲基紫(第一变色范围)	0.1～0.5	黄－绿	0.1%或0.05%水溶液
苦味酸	0.0～1.3	无色－黄	0.1%水溶液
甲基绿	0.1～2.0	黄－绿－浅蓝	0.05%水溶液
孔雀绿(第一变色范围)	0.1～2.0	黄－浅蓝－绿	0.1%水溶液
甲酚红(第一变色范围)	0.2～1.8	红－黄	0.04g 指示剂溶于100mL 质量分数 $\omega=0.50$ 的 C_2H_5OH 中
甲基紫(第二变色范围)	1.0～1.5	绿－蓝	0.1%水溶液
百里酚蓝(第一变色范围)	1.2～2.8	红－黄	0.1g 指示剂溶于100mL 质量分数 $\omega=0.20$ 的 C_2H_5OH 中
甲基紫(第三变色范围)	2.0～3.0	蓝－紫	0.1%水溶液
茜素黄R(第一变色范围)	1.9～3.3	红－黄	0.1%水溶液
二甲基黄	2.9～4.0	红－黄	0.1或0.01g 指示剂溶于100mL 质量分数 $\omega=0.90$ 的 C_2H_5OH 中
甲基橙	3.1～4.4	红－橙黄	0.1%水溶液
溴酚蓝	3.0～4.6	黄－蓝	0.1g 指示剂溶于100mL 质量分数 $\omega=0.20$ 的 C_2H_5OH 中
刚果红	3.0～5.2	蓝紫－红	0.1%水溶液
茜素红S(第一变色范围)	3.7～5.2	黄－紫	0.1%水溶液
溴甲酚绿	3.8～5.4	黄－蓝	0.1g 指示剂溶于100mL 质量分数 $\omega=0.20$ 的 C_2H_5OH 中
甲基红	4.4～6.2	红－黄	0.1g或0.2g 指示剂溶于100mL 质量分数 $\omega=0.60$ 的 C_2H_5OH 中
溴酚红	5.0～6.8	黄－红	0.1g或0.04g 指示剂溶于100mL 质量分数 $\omega=0.20$ 的 C_2H_5OH 中
溴甲酚紫	5.2～6.8	黄－紫红	0.1g 指示剂溶于100mL 质量分数 $\omega=0.20$ 的 C_2H_5OH 中

续表

指示剂名称	变色范围	颜色变化	溶液配制方法
溴百里酚蓝	6.0～7.6	黄－蓝	0.05g 指示剂溶于 100mL 质量分数 $\omega=0.20$ 的 C_2H_5OH 中
中性红	6.8～8.0	红－亮黄	0.1g 指示剂溶于 100mL 质量分数 $\omega=0.60$ 的 C_2H_5OH 中
酚红	6.8～8.0	黄－红	0.1g 指示剂溶于 100mL 质量分数 $\omega=0.20$ 的 C_2H_5OH 中
甲酚红	7.2～8.8	亮黄－紫红	0.1g 指示剂溶于 100mL 质量分数 $\omega=0.50$ 的 C_2H_5OH 中
百里酚蓝（第二变色范围）	8.0～9.0	黄－蓝	0.1g 指示剂溶于 100mL 质量分数 $\omega=0.20$ 的 C_2H_5OH 中
酚酞	8.2～10.0	无色－紫红	0.1g 指示剂溶于 100mL 质量分数 $\omega=0.60$ 的 C_2H_5OH 中
百里酚酞	9.4～10.6	无色－蓝色	0.1g 指示剂溶于 100mL 质量分数 $\omega=0.90$ 的 C_2H_5OH 中
茜素红 S（第二变色范围）	10.0～12.0	紫－淡黄	0.1% 水溶液
茜素红 R（第二变色范围）	10.1～12.1	黄－淡紫	0.1% 水溶液
孔雀绿（第二变色范围）	11.5～13.2	蓝绿－无色	0.1% 水溶液
达旦黄	12.0～13.0	黄－红	溶于水，C_2H_5OH

（二）氧化还原指示剂

指示剂名称	$\varphi^{\ominus}/V$ $[H^+]=1mol/L$	颜色变化		溶液配制方法
		氧化态	还原态	
中性红	0.24	红	无色	0.05% C_2H_5OH（质量分数＝0.60）溶液
次甲基红	0.36	蓝	无色	0.05% 水溶液
变胺蓝	0.59	无色	蓝	0.05% 水溶液
二苯胺	0.76	紫	无色	1% 浓 H_2SO_4 溶液
二苯胺磺酸钠	0.85（pH＝2）	紫红	无色	0.5% 水溶液
N－邻苯氨基苯甲酸	1.08	紫红	无色	0.1g 指示剂加 20mL 质量分数为 0.05Na_2CO_3 溶液，用 H_2O 稀释至 100mL
邻二氮菲－Fe（Ⅱ）	1.06	浅蓝	红	1.485g 邻二氮菲加 0.695g$FeSO_4\cdot 7H_2O$ 溶于 100mLH_2O 中（0.022mol/L）
5－硝基邻二氮菲－Fe（Ⅱ）	1.25	浅蓝	紫红	1.608g5・硝基邻二氮菲加 0.695g$FeSO_4\cdot 7H_2O$ 溶于 100mLH_2O 中（0.022mol/L）

（三）金属离子指示剂

指示剂名称	离解平衡和颜色变化	溶液配制
铬黑 T(EBT)	H_2In^-（紫红）$\xrightleftharpoons{pK_{a2}=6.3}$ HIn^{2-}（蓝） $\xrightleftharpoons{pK_{a3}=11.6}$ In^{3-}（橙）	0.5%水溶液
二甲酚橙（XO）	H_2In^{4-}（黄色）$\xrightleftharpoons{pK_{a5}=6.3}$ HIn^{5-}（红）	0.2%水溶液
K－B 指示剂	H_2In^-（红色）$\xrightleftharpoons{pK_{a1}=8}$ HIn^-（蓝） $\xrightleftharpoons{pK_{a2}=13}$ In^{2-}（紫红） （酸性铬蓝 K）	0.2g 酸性铬蓝 K 与 0.4g 萘酚绿 B 溶于 100mL 水中
钙指示剂	H_2In^-（酒红）$\xrightleftharpoons{pK_{a2}=7.4}$ HIn^{2-}（蓝） $\xrightleftharpoons{pK_{a3}=13.5}$ In^{3-}（酒红）	0.5% C_2H_5OH 溶液
吡啶偶氮萘酚(PAN)	H_2In^-（黄绿）$\xrightleftharpoons{pK_{a1}=1.9}$ HIn（黄） $\xrightleftharpoons{pK_{a2}=12.2}$ In^-（淡红）	0.1% C_2H_5OH 溶液
磺基水杨酸	H_2In $\xrightleftharpoons{pK_{a2}=2.7}$ HIn^-（无色） $\xrightleftharpoons{pK_{a2}=13.1}$ In^{2-}	1%水溶液
钙镁试剂（Calmagite）	H_2In^-（红）$\xrightleftharpoons{pK_{a2}=8.1}$ HIn^{2-}（蓝） $\xrightleftharpoons{pK_{a3}=12.4}$ In^{3-}（红橙）	0.5%水溶液

（四）沉淀滴定吸附指示剂

指示剂	被测离子	滴定剂	滴定条件	溶液配制方法
荧光黄	Cl^-	Ag^+	pH 7～10（一般 7～8）	0.2% C_2H_5OH 溶液
二氯荧光黄	Cl^-	Ag^+	pH 4～10（一般 5～8）	0.1%水溶液
曙红	Br^-，I^-，SCN^-	Ag^+	pH 2～10（一般 3～8）	0.5%水溶液
溴甲酚绿	SCN^-	Ag^+	pH 4～5	0.1%水溶液
甲基紫	Ag^+	Cl^-	酸性溶液	0.1%水溶液
罗丹明 6G	Ag^+	Br^-	酸性溶液	0.1%水溶液
钍试剂	SO_4^{2-}	Ba^{2+}	pH 1.5～3.5	0.5%水溶液
溴酚蓝	Hg_2^{2+}	Cl^-，Br^-	酸性溶液	0.1%水溶液

（五）混合酸碱指示剂

指示剂溶液的组成	变色点	颜色		备注
		酸色	碱色	
一份质量分数为 0.001 甲基黄酒精溶液 一份质量分数为 0.001 次甲基蓝酒精溶液	3.3	蓝紫	绿	pH3.2 蓝紫 pH3.4 绿
一份质量分数为 0.001 甲基橙水溶液 一份质量分数为 0.0025 靛蓝（二磺酸）水溶液	4.1	紫	黄绿	

续表

指示剂溶液的组成	变色点	颜色		备注
		酸色	碱色	
一份质量分数为0.001溴百里酚绿钠盐水溶液 一份质量分数为0.002甲基橙水溶液	4.3	黄	蓝绿	pH3.5黄 pH4.0黄绿 pH4.3绿
一份质量分数为0.001溴甲酚绿酒精溶液 一份质量分数为0.002甲基红酒精溶液	5.1	酒红	绿	
一份质量分数为0.002甲基红酒精溶液 一份质量分数为0.001次甲基蓝酒精溶液	5.4	红紫	绿	pH5.2红紫 pH5.4暗蓝 pH5.6绿
一份质量分数为0.001溴甲酚绿钠盐酒精溶液 一份质量分数为0.001氯酚红钠盐水溶液	6.1	黄绿	蓝紫	pH5.4蓝绿 pH5.8蓝 pH6.2蓝紫
一份质量分数为0.001溴甲酚紫钠盐水溶液 一份质量分数为0.001溴百里酚蓝钠盐水溶液	6.7	黄	蓝紫	pH6.2黄紫 pH6.6紫 pH6.8蓝紫
一份质量分数为0.001中性红酒精溶液 一份质量分数为0.001次甲基蓝酒精溶液	7.0	蓝紫	绿	pH7.0蓝紫
一份质量分数为0.001溴百里酚蓝钠盐水溶液 一份质量分数为0.001酚红钠盐水溶液	7.5	黄	绿	pH7.2暗绿 pH7.4淡紫 pH7.6深紫
一份质量分数为0.001甲酚红钠盐水溶液 一份质量分数为0.001百里酚蓝钠盐水溶液	8.3	黄	紫	pH8.2玫瑰 pH8.4紫

(六)常用试纸的制备

试纸名称及颜色	制备方法	用途
石蕊试纸 (红色或蓝色)	用热的酒精处理市售石蕊以除去夹杂的红色素。倾去浸液，1份残渣与6份水浸煮并不断摇荡，滤去不溶物，将滤液分成两份。1份加稀 H_3PO_4 或 H_2SO_4 至红色，另一份加稀NaOH至变蓝，然后将滤纸条分别浸入这两种溶液中，取出后在避光且没有酸、碱蒸气的房中晾干	红色试纸在碱性溶液中变蓝色；蓝色试纸在酸性溶液中变红色
酚酞试纸 (白色)	将1g酚酞溶于100mL 95%乙醇溶液中，振荡溶液，同时加入100mL水，将滤纸条浸入，取出置于无 NH_3 蒸气处晾干	在碱性溶液中变成深红色
刚果红试纸 (红色)	将0.5g刚果红溶于1L水中，加5滴HAc，滤纸条在温热溶液中浸湿后，取出晾干	与无机酸及甲酸等有机酸作用变蓝

续表

试纸名称及颜色	制备方法	用途
淀粉-KI试纸（白色）	将3g淀粉与25mL水搅和，倾入225mL沸H_2O中，加1g KI及1g $Na_2CO_3\cdot10H_2O$用H_2O稀释至500mL，将滤纸条浸入，取出晾干	用以检出氧化剂（特别是卤素），作用时变蓝
$Pb(Ac)_2$试纸（白色）	将滤纸条浸入3% $Pb(Ac)_2$溶液中，取出后在无H_2S处晾干	用以检出痕量的H_2S，作用时变黑

附录五　常用基准物质的干燥条件和应用

基准物质		干燥后组成	干燥条件/℃	标定对象
名称	分子式			
碳酸氢钠	$NaHCO_3$	Na_2CO_3	270~300	酸
碳酸钠	$Na_2CO_3\cdot10H_2O$	Na_2CO_3	270~300	酸
硼砂	$Na_2B_4O_7\cdot10H_2O$	$Na_2B_4O_7\cdot10H_2O$	放在含NaCl和蔗糖饱和液的干燥器中	酸
碳酸氢钾	$KHCO_3$	K_2CO_3	270~300	酸
草酸	$H_2C_2O_4\cdot2H_2O$	$H_2C_2O_4\cdot2H_2O$	室温空气干燥	碱或$KMnO_4$
邻苯二甲酸氢钾	$KHC_8H_4O_4$	$KHC_8H_4O_4$	110~120	碱
重铬酸钾	$K_2Cr_2O_7$	$K_2Cr_2O_7$	140~150	还原剂
溴酸钾	$KBrO_3$	$KBrO_3$	130	还原剂
碘酸钾	KIO_3	KIO_3	130	还原剂
铜	Cu	Cu	室温干燥器中保存	还原剂
三氧化二砷	As_2O_3	As_2O_3	室温干燥器中保存	氧化剂
草酸钠	$Na_2C_2O_4$	$Na_2C_2O_4$	130	氧化剂
碳酸钙	$CaCO_3$	$CaCO_3$	110	EDTA
锌	Zn	Zn	室温干燥器中保存	EDTA
氧化锌	ZnO	ZnO	900~1000	EDTA
氯化钠	NaCl	NaCl	500~600	$AgNO_3$
氯化钾	KCl	KCl	500~600	$AgNO_3$
硝酸银	$AgNO_3$	$AgNO_3$	280~290	氯化物
氨基磺酸	$HOSO_2NH_2$	$HOSO_2NH_2$	在真空H_2SO_4干燥中保存48h	碱
氟化钠	NaF	NaF	铂坩埚中500~550℃下保存40~50min后，H_2SO_4干燥器中冷却	

附录六　常用试剂的配制

试剂	浓度	配制方法
$BiCl_3$	0.1mol/L	溶解31.6g $BiCl_3$ 于330mL 6mol/L HCl中，加 H_2O 稀释至1L
$SbCl_3$	0.1mol/L	溶解22.8g $SbCl_3$ 于330mL 6mol/L HCl中，加 H_2O 稀释至1L
$SnCl_2$	0.1mol/L	溶解22.6g $SnCl_2 \cdot 2H_2O$ 于330mL 6 mol/L HCl中，加 H_2O 稀释至1L。加入数粒纯Sn，以防氧化
$Hg(NO_3)_2$	0.1mol/L	溶解33.4g $Hg(NO_3)_2 \cdot 1/2H_2O$ 于1L 0.6mol/L HNO_3 中
$Hg_2(NO_3)_2$	0.1mol/L	溶解56.1g$Hg_2(NO_3)_2 \cdot 2H_2O$ 于1L 0.6mol/L HNO_3 中，并加入少许金属Hg
$(NH_4)_2CO_3$	1mol/L	溶解95g研细的$(NH_4)_2CO_3$ 于1L 2mol/L NH_3(H_2O 中
$(NH_4)_2SO_4$	饱和	溶解50g$(NH_4)_2SO_4$ 于100mL热水中，冷却后过滤
$FeSO_4$	0.5mol/L	溶解69.5g $FeSO_4 \cdot 7H_2O$ 于适量水中，加入5mL 18mol/L H_2SO_4，再用 H_2O 稀释至1L，加入数枚小铁钉
$FeCl_3$	0.5mol/L	称取135.2g $FeCl_3 \cdot 6H_2O$ 溶于100mL 6mol/L HCl中，加 H_2O 稀释至1L
$CrCl_3$	0.1mol/L	称取26.7g $CrCl_3 \cdot 6H_2O$ 溶于30mL 6 mol/L HCl中，加 H_2O 稀释至1L
KI	10%	溶解100g KI于1L水中，储于棕色瓶中
KNO_3	1%	溶解10g KNO_3 于1L水中
醋酸铀酰锌		①10g $UO_2(Ac)_2 \cdot 2H_2O$ 和6mL 6 mol/L HAc溶于50 mL H_2O 中； ②30g $Zn(Ac)_2 \cdot 2H_2O$ 和3mL 6 mol/L HCl溶于50mL H_2O 中； ③将①、②两种溶液混合，24h后取清液使用
$Na_3[CO(NO_2)_6]$		溶解230g$NaNO_2$ 于500mL水中，加入165mL6mol/L HAc和30g $Na_3[CO(NO_2)_6] \cdot 6H_2O$，放置24h，取其清液，稀释至1L，并保存在棕色瓶中。此溶液应呈橙色，若变成红色，表示已分解，应重新配制
Na_2S	2mol/L	溶解240g $Na_2S \cdot 9H_2O$ 和40gNaOH于水中，加 H_2O 稀释至1L
$(NH_4)_6Mo_7O_{24} \cdot 4H_2O$	0.1mol/L	溶解124g $(NH_4)_6Mo_7O_{24} \cdot 4H_2O$ 于1L水中，将所得溶液倒入1L 6mol/L HNO_3 中，放置24h，取其澄清液
$(NH_4)_2S$	3mol/L	取一定量 $NH_3 \cdot H_2O$，将其均分为两份，往其中一份通 H_2S 至饱和，而后与另一份 $NH_3 \cdot H_2O$ 混合
$K_3[Fe(CN)_6]$		取 $K_3[Fe(CN)_6]$ 约0.7～1g溶解于水，稀释至100mL(使用前临时配制)
铬黑T		将铬黑T和烘干的NaCl按1∶100的比例研细，均匀混合，储于棕色瓶中
二苯胺		将1g二苯胺在搅拌下溶于100mL密度为1.84g/cm H_2SO_4 或100mL密度为1.70g/cm H_3PO_4 中(可较长时间保存)

续表

试剂	浓度	配制方法
Mg 试剂		溶解 0.01gMg 试剂于 1L 1mol/L NaOH 溶液中
Ca 试剂		0.2g Ca 指示剂溶于 100mL 水中
Al 试剂		1g Al 试剂溶于 1L 水中
Mg－NH_4^+ 试剂		将 100g$MgCl_2 \cdot 6H_2O$ 和 100gNH_4Cl 溶于水中，加 50mL 浓 $NH_3 \cdot H_2O$，用水稀释至 1L
萘氏试剂		溶解 115gHgI_2 和 80gKI 于水中，稀释至 500mL，加入 500mL 6mol/L NaOH 溶液，静置后，取其清液，保存在棕色瓶中
格里斯试剂		①加热溶解 0.5g 对氨基苯磺酸于 50mL30% HAc 中，储于暗处保存； ②将 0.4g α－萘胺与 100mL 水混合煮沸，在从蓝色渣滓中倾出的无色溶液中加入 6mL 80% HAc；使用前将①、②等体积混合
打萨宗 （二苯缩氨硫脲）		溶解 0.1g 打萨宗于 1L CCl_4 或 $CHCl_3$ 中
对氨基苯磺酸	0.34mol/L	0.5g 对氨基苯磺酸溶于 150mL 2mol/L HAc 溶液中
α－萘胺	0.12mol/L	0.3g α－萘胺加 20mL 水，加热煮沸，在所得溶液中加入 150mL 2mol/L HAc 溶液中
丁二肟		1g 丁二肟溶于 100mL95% 乙醇中
盐桥	3%	用饱和 KCl 水配制 3% 琼脂胶加热至溶
Cl_2 水		在水中通入 Cl_2 直至饱和，该溶液使用时临时配制
Br_2 水		在水中滴入液 Br_2 直至饱和
I_2 液	0.01mol/L	溶解 1.3g I_2 和 5gKI 于尽可能少量的水中，加水稀释至 1L
品红溶液		0.1% 水溶液
淀粉溶液	1%	将 1g 淀粉和少量冷水调成糊状，倒入 100mL 沸水，煮沸后冷却
斐林溶液		①将 34.64g$CuSO_4 \cdot H_2O$ 溶于 H_2O 中，稀释至 500mL； ②将 173g 酒石酸钾钠·$4H_2O$ 和 50gNaOH 溶于 H_2O 中，稀释至 500mL；使用时将①、②等体积混合
2，4－二硝基苯肼		将 0.25g 2，4－二硝基苯肼溶于 HCl 溶液（42mL 浓 HCl 加 50mLH_2O），加热溶解，冷却后稀释至 250mL
米隆试剂		将 2g（0.15mL）Hg 溶解于 3mL 浓 HNO_3（密度 1.4），稀释至 10 mL
CuCl－NH_3 液		①5g CuCl 溶于 100mL 浓 $NH_3 \cdot H_2O$，用水稀释至 250mL. 过滤，除去不溶杂质。温热滤液，慢慢加入羟胺盐酸盐，直至蓝色消失为止； ②1g CuCl 置于一大试管，加 1～2mL 浓 $NH_3 \cdot H_2O$ 而和 10mL 水，用力摇动后静置，倾出溶液并加入一根铜丝，储存备用
C_6H_5OH 溶液		50g C_6H_5OH 溶于 500mL5% 的 NaOH 溶液中

续表

试剂	浓度	配制方法
蛋白质溶液		25mL 蛋清，加 100～150mL 去离子水，搅匀，用 3～4 层纱布过滤
α－萘胺乙醇溶液		10g α－萘胺乙醇溶于 100～150mL 95% 的乙醇中，再用 95% 的乙醇稀释至 500mL，储于棕色瓶中，一般使用前配制
茚三酮乙醇溶液		0.4g 茚三酮溶于 500mL 95% 的乙醇中，一般使用前配制
β－萘酚溶液		50gβ－萘酚溶于 500mL5% 的 NaOH 溶液中

附录七　常用缓冲溶液

缓冲溶液组成	pK_a	缓冲溶液 pH 值	缓冲溶液配制方法
H_2NCH_2COOH－HCl	2.35（pK_{a1}）	2.3	取 150g H_2NCH_2COOH 溶于 500mL H_2O 中，加 80mL 浓 HCl 稀释至 1L
H_3PO_4－柠檬酸盐	–	2.5	取 113g $Na_2HPO_4\cdot 12H_2O$ 溶于 200mL H_2O 中，加 387g 柠檬酸溶解，过滤后稀释至 1L
ClH_2COOH－NaOH	2.86	2.8	取 200g ClH_2COOH 溶于 200mL H_2O 中，加 40g NaOH 溶解后，稀释至 1L
邻苯二甲酸氢钾－HCl	2.95（pK_{a1}）	2.9	取 500g 邻苯二甲酸氢钾溶于 500mL H_2O 中，加 80mL 浓 HCl，稀释至 1L
HCOOH－NaOH	3.76	3.7	取 95g HCOOH 和 40g NaOH 溶于 500mL H_2O 中，溶解，稀释至 1L
NH_4Ac－HAc	–	4.5	取 77g NH_4Ac 溶于 200mL H_2O 中，加 60mL 冰 HAc，稀释至 1L
NaAc－HAc	4.74	4.7	取 83g 无水 NaAc 溶于 H_2O 中，加 60mL 冰 HAc，稀释至 1L
NaAc－HAc	4.74	5.0	取 160g 无水 NaAc 溶于 H_2O 中，加 60mL 冰 HAc，稀释至 1L
NH_4Ac－HAc	–	5.0	取 250g NH_4Ac 溶于 H_2O 中，加 25mL 冰 HAc，稀释至 1L
六次甲基四胺－HCl	5.15	5.4	取 40g 六次甲基四胺溶于 200mL H_2O 中，加 10mL 浓 HCl，稀释至 1L
NH_4Ac－HAc	–	6.0	取 600g NH_4Ac 溶于 H_2O 中，加 20mL 冰 HAc，稀释至 1L
NaAc－H_3PO_4 盐	–	8.0	取 50g 无水 NaAc 和 50g$Na_2HPO_4\cdot 12H_2O$ 溶于 H_2O 中，稀释至 1L

续表

缓冲溶液组成	pK_a	缓冲溶液pH值	缓冲溶液配制方法
三羟甲基氨基甲烷-HCl	8.21	8.2	取25g三羟甲基氨基甲烷溶于H_2O中，加8mL浓HCl，稀释至1L
NH_3-NH_4Cl	9.26	9.2	取54g NH_4Cl溶于H_2O中，加63mL浓$NH_3\cdot H_2O$，稀释至1L
NH_3-NH_4Cl	9.26	9.5	取54g NH_4Cl溶于H_2O中，加126mL浓$NH_3\cdot H_2O$，稀释至1L
NH_3-NH_4Cl	9.26	10.0	取54g NH_4Cl溶于H_2O中，加350mL浓$NH_3\cdot H_2O$，稀释至1L

注：①缓冲溶液配制后用pH试纸检查，如pH值不对，可用共轭酸或碱调节。pH值欲调节精确时，用pH计调节。

②若需增加或减少缓冲溶液的缓冲容量时，可相应增加或减少共轭酸碱对物质的量，再调节之。

参考文献

[1] 吴泳主编．大学化学新体系实验[M]．北京：科学出版社，1999.

[2] 湖南大学化工学院编．基础化学实验[M]．北京：高等教育出版社，2001.

[3] 柯以侃主编．大学化学实验[M]．北京：化学工业出版社，2001.

[4] 武汉大学主编．分析化学实验．(第五版)[M]．北京：高等教育出版社，2006.

[5] 刘约权，李贵深主编．实验化学[M]．北京：高等教育出版社，1999.

[6] 浙江大学普通化学教研组编．普通化学实验(第三版)[M]．北京：高等教育出版社，1996.

[7] 钟国清主编．无机及分析化学实验[M]．北京：科学出版社，2011.

[8] 俞斌主编．无机与分析化学实验[M]．北京：化学工业出版社，2009.

[9] 南京大学《无机及分析化学实验》编写组．无机及分析化学实验(第四版)[M]．北京：高等教育出版社，2006.

[10] 王升富，周立群主编．无机及分析化学实验[M]．北京：科学出版社，2009.

[11] 大连理工大学无机化学教研室编．无机化学实验[M]．北京：高等教育出版社，1990.

[12] 成都科技大学，浙江大学分析化学教研组编．分析化学实验．(第二版) [M]．北京：高等教育出版社，1989.

[13] 王飞利，党民团等编．无机化学考研教案[M]．北京：西北工业大学出版社，2009

[14] 冯辉霞主编．无机及分析化学[M]．北京：华中科技大出版社，2009.

[15] 唐宗薰主编．中级无机化学[M]．北京：高等教育出版社，2003.

[16] 天津大学无机化学教研室编，杨宏孝，顾秀茹等修订．无机化学(第四版)[M]．北京：高等教育出版社，2010.

[17] 华东理工大学化学系，四川大学化工学院编．分析化学(第五版)[M]．北京：高等教育出版社，2003.

[18] 吉林大学宋天佑，武汉大学徐家宁等编．无机化学[M]．北京：高等教育出版社，2004.

[19] 四川大学分析化学教研室，浙江大学分析化学教研室．分析化学实验室(第三版)[M]．北京：高等教育出版社，2003.

[20] 武汉大学化学系编．仪器分析[M]．北京：高等教育出版，2001.

[21] 朱明华主编．仪器分析(面向二十一世纪教材) (第三版)[M]．北京：高等教育出版社，2000.

[22] 北京大学仪器分析教学组．仪器分析教程[M]．北京：北京大学出版社，1997.

[23] 邓勃，宁永成，刘密新．仪器分析[M]．北京：清华大学出版社，1991.

[24] 苏克曼，张济新等．仪器分析实验(第二版)[M]．北京：高等教育出版社，1994.

[25] 吕希伦．无机过氧化合物化学[M]．北京：科学出版社，1987.

[26] R. B. 赫斯洛普，K. 琼斯．高等无机化学(中)[M]．北京：人民教育出版社，1981.

[27] 杨德俊．络合滴定的理论和应用[M]．北京：国防工业出版社，1985.

[28] 国家药典委员会编．中华人民共和国药典(二部)[M]．北京：化学工业出版社，1985.

[29] Bottero J Y, Axelos M et al. J Colloid Interface Sci, 1987, 117(10): 47.
[30] 王静秋，黄世炎等. 武汉大学学报(自然科学版), 1993, 3: 28.
[31] Gu Yanfang, et al. Engineering Chemistry & Metallurgy. 1993, 14(1): 14.
[32] 周恩绚等. 化学通报, 1997, 4: 38.
[33] 陈寿春. 重要无机化学反应(第二版)[M]. 上海：上海科学技术出版社, 1982.
[34] 刘润静. 无机盐工业. 1992(2): 34-36.